T0128295

essentials

essentials liefern aktuelles Wissen in konzentrierter Form. Die Essenz dessen, worauf es als „State-of-the-Art" in der gegenwärtigen Fachdiskussion oder in der Praxis ankommt. *essentials* informieren schnell, unkompliziert und verständlich

- als Einführung in ein aktuelles Thema aus Ihrem Fachgebiet
- als Einstieg in ein für Sie noch unbekanntes Themenfeld
- als Einblick, um zum Thema mitreden zu können

Die Bücher in elektronischer und gedruckter Form bringen das Fachwissen von Springerautor*innen kompakt zur Darstellung. Sie sind besonders für die Nutzung als eBook auf Tablet-PCs, eBook-Readern und Smartphones geeignet. *essentials* sind Wissensbausteine aus den Wirtschafts-, Sozial- und Geisteswissenschaften, aus Technik und Naturwissenschaften sowie aus Medizin, Psychologie und Gesundheitsberufen. Von renommierten Autor*innen aller Springer-Verlagsmarken.

Walter Strampp

Die eindimensionale Wellengleichung

Mathematische Aspekte im Überblick

 Springer Spektrum

Walter Strampp
Universität Kassel
Kassel, Deutschland

ISSN 2197-6708   ISSN 2197-6716   (electronic)
essentials
ISBN 978-3-662-66427-8   ISBN 978-3-662-66428-5   (eBook)
https://doi.org/10.1007/978-3-662-66428-5

Die Deutsche Nationalbibliothek verzeichnet diese Publikation in der Deutschen Nationalbiblio-
grafie; detaillierte bibliografische Daten sind im Internet über http://dnb.d-nb.de abrufbar.

Planung/Lektorat: Iris Ruhmann
Springer Spektrum ist ein Imprint der eingetragenen Gesellschaft Springer-Verlag GmbH, DE und
ist ein Teil von Springer Nature.
Die Anschrift der Gesellschaft ist: Heidelberger Platz 3, 14197 Berlin, Germany

Was Sie in diesem *essential* finden können

- Einen Überblick über Anfangs- und Randwertprobleme der Wellengleichung.
- Die Methode von Fourier. Separation und Superposition mit einer Zusammenstellung der Grundlagen der Fourierreihen.
- Charakteristiken und die Methode von d' Alembert.
- Die inhomogene Gleichung und das Prinzip von Duhamel.
- Das charakteristische Parallelogramm und Differenzengleichungen. Ausführliche Lösung des Randwertproblems.

Vorwort

Die Wellengleichung ist ein Thema mit großer Präsenz in technisch-physikalischen Anwendungen. Umso erstaunlicher ist es, dass man kaum eine Darstellung findet, in der auf alle Aspekte der mathematischen Behandlung eingegangen wird. Findet man einmal die Methode von Fourier ausführlich behandelt, so wird ein anderes Mal der Fokus auf die Methode von d'Alembert gelegt oder der Zugang über die Charakteristiken bevorzugt. Was die inhomogene Gleichung betrifft, so wird das Prinzip von Duhamel oft aus physikalischen Überlegungen motiviert und nicht stringent aus den Charakteristiken hergeleitet.

In diesem Beitrag sollen alle mathematischen Aspekte erfasst und alle Lösungsmethoden im Überblick besprochen werden, [1–9]. Wir betrachten die mit der Wellengleichung verbundenen Anfangs- und Randwertprobleme mit den typischen Modellen der schwingenden Seite und dem Kundtschen Rohr. Alle klassischen Werkzeuge für die Lösung wie Separation, Fourierreihen, Methode von d'Alembert und Prinzip von Duhamel werden diskutiert. Die algorithmische Methode der charakteristischen Parallelogramme wird ausgebaut mithilfe von Differenzengleichungen. Dadurch wird eine geschlossene Formulierung der Lösung möglich. Außerdem können wir damit fundierter auf die in den Anwendungen beliebte Ansatzmethode eingehen. Diese Methode versucht, durch einen geschickten Ansatz die besondere Gestalt der Randwerte auszunutzen.

Ich danke Herrn Professor Dr. Anton Matzenmiller, Institut für Mechanik der Universität Kassel, für die Einladung, in seiner Arbeitsgruppe über die Wellengleichung vorzutragen. Dabei aufgekommene Fragen haben diese Abhandlung angeregt.

Walter Strampp

Inhaltsverzeichnis

Anfangs- und Randwertprobleme

Wir fassen die Probleme, die im Folgenden behandelt werden sollen, in einer kurzen Übersicht zum einfachen Nachschlagen zusammen. Wir beginnen mit der eindimensionalen Wellengleichung für eine Funktion u vom Ort $x \in \mathbb{R}$ und von der Zeit $t \geq 0$.

Definition: IWG
Die inhomogene Wellengleichung besitzt folgende Gestalt:

$$\frac{\partial^2 u}{\partial t^2} = c^2 \frac{\partial^2 u}{\partial x^2} + F(x, t).$$

Wenn die Inhomogenität F verschwindet, heißt die Gleichung homogen. Die homogene Gleichung wird oft der Kürze halber als Wellengleichung bezeichnet.

Definition: HWG
Die homogene Wellengleichung besitzt folgende Gestalt:

$$\frac{\partial^2 u}{\partial t^2} = c^2 \frac{\partial^2 u}{\partial x^2}.$$

Die Linearität der Gleichungen IWG und HWG hat bedeutende Konsequenzen. Die Differenz zweier Lösungen der inhomogenen Gleichung IWG liefert eine Lösung der homogenen Gleichung HWG. Andererseits ergibt eine Lösung der homogenen

W. Strampp, *Die eindimensionale Wellengleichung*, essentials,
https://doi.org/10.1007/978-3-662-66428-5_1

1

Gleichung, die zu einer Lösung der inhomogenen Gleichung addiert wird, eine neue
Lösung der inhomogenen Gleichung. In der Theorie der partiellen Differentialgleichungen wird gezeigt, dass das Anfangswertproblem auf der unbeschränkten reellen
Achse sachgerecht gestellt ist. Das bedeutet, dass das Anfangswertproblem lokal
eine eindeutige Lösung besitzt.

Definition: IWG-AWP
Das Anfangswertproblem für die inhomogene Gleichung lautet:

$$\frac{\partial^2 u}{\partial t^2} = c^2 \frac{\partial^2 u}{\partial x^2} + F(x, t),$$

$$u(x, 0) = f(x), \frac{\partial u}{\partial t}(x, 0) = g(x).$$

Das Cauchy-Kovalevskaya-Theorem besagt, dass lokal eine eindeutige Lösung existiert, wenn alle Daten analytisch sind. Die Lösung selbst ist dann auch analytisch.
Dieser Satz ist jedoch sehr allgemein und geht nicht auf die besonderen Eigenschaften der Wellengleichung ein. In der Tat kann man das Problem auch unter viel
schwächeren Bedingungen global lösen und die Eindeutigkeit der Lösung garantieren. Aufgrund der Linearität wird das Anfangswertproblem für die inhomogene
Gleichung aufgespalten in zwei Probleme. Das erste ist das Anfangswertproblem
mit homogenen Anfangsbedingungen für die inhomogene Gleichung.

Definition: IWG-HAWP
Das Anfangswertproblem für die inhomogene Gleichung mit homogenen
Anfangsbedingungen lautet:

$$\frac{\partial^2 u}{\partial t^2} = c^2 \frac{\partial^2 u}{\partial x^2} + F(x, t),$$

$$u(x, 0) = 0, \frac{\partial u}{\partial t}(x, 0) = 0.$$

Das zweite Problem betrifft inhomogene Anfangsbedingungen für die homogene Gleichung.

Definition: HWG-AWP
Das Anfangswertproblem für die homogene Gleichung mit inhomogenen Anfangsbedingungen lautet:

$$\frac{\partial^2 u}{\partial t^2} = c^2 \frac{\partial^2 u}{\partial x^2},$$

$$u(x,0) = f(x), \frac{\partial u}{\partial t}(x,0) = g(x).$$

Addieren der Lösungen der letzten beiden Probleme ergibt dann die Lösung des allgemeinen Anfangswertproblems IWG-AWP. Für das erste Problem wird das Prinzip von Duhamel verwendet und die Methode von d'Alembert für das zweite. In beiden Fällen erhalten wir eine globale Lösung.

Neben dem Anfangswertproblem auf der unbeschränkten reellen Achse beherrscht das Anfangsrandwertproblem auf einem beschränkten Intervall die Theorie der Wellengleichung.

Definition: IWG-AWRWP
Das Anfangsrandwertproblem für die inhomogene Gleichung lautet:

$$\frac{\partial^2 u}{\partial t^2} = c^2 \frac{\partial^2 u}{\partial x^2} + F(x,t),$$

$$u(x,0) = f(x), \frac{\partial u}{\partial t}(x,0) = g(x),$$

$$u(0,t) = r_L(t), u(l,t) = r_R(t).$$

Die Lösung wird in drei Schritte aufgeteilt. Anschließend werden die Lösungen der einzelnen Schritte zur Lösung des Ausgangsproblems zusammengesetzt $u = u_I + u_{II} + u_{III}$. Im ersten Schritt bestimmen wir die Lösung u_I des Problems IWG-

HAWP. Im zweiten Schritt bestimmen wir die Lösung u_{II} des Problems HWG-AWHRWP:

Definition: HWG-AWHRWP
Das Anfangsrandwertproblem für die homogene Gleichung mit homogenen Randbedingungen lautet:

$$\frac{\partial^2 u}{\partial t^2} = c^2 \frac{\partial^2 u}{\partial x^2},$$

$$u(x,0) = f(x), \frac{\partial u}{\partial t}(x,0) = g(x),$$

$$u(0,t) = 0, u(l,t) = 0.$$

Dieses Problem kann mit der Methode von Fourier oder mit der Methode von d'Alembert gelöst werden. Im dritten Schritt bestimmen wir die Lösung u_{III} des folgenden Problems.

Definition: HWG-HAWRWP, nicht-standardisiert
Das Anfangsrandwertproblem für die homogene Gleichung mit homogenen Anfangsbedingungen lautet:

$$\frac{\partial^2 u}{\partial t^2} = c^2 \frac{\partial^2 u}{\partial x^2},$$

$$u(x,0) = 0, \frac{\partial u}{\partial t}(x,0) = 0,$$

$$u(0,t) = r_L(x) - u_I(0,t), u(l,t) = r_R(x) - u_I(l,t).$$

Das letztere Problem lässt sich wiederum in zwei Standardprobleme der folgenden Form zerlegen.

Definition: HWG-HAWRWP
Das Anfangsrandwertproblem für die homogene Gleichung mit homogenen Anfangsbedingungen lautet:

$$\frac{\partial^2 u}{\partial t^2} = c^2 \frac{\partial^2 u}{\partial x^2},$$

$$u(x,0) = 0, \ \frac{\partial u}{\partial t}(x,0) = 0,$$

$$u(0,t) = r(t), u(l,t) = 0.$$

Hier können wir das charakteristische Parallelogramm zur rekursiven Konstruktion einer Lösung verwenden, oder wir können mit der dem Randwertproblem zugeordneten Differenzengleichung arbeiten. Geben wir nun eine Randbedingung $r(t)$ bei $x = l$ vor und betrachten folgendes Problem:

$$\frac{\partial^2 v}{\partial t^2} = c^2 \frac{\partial^2 v}{\partial x^2}, \quad 0 \le x \le l, t \ge 0, (c > 0),$$

$$v(0,t) = 0, \quad v(l,t) = r(t),$$

$$v(x,0) = 0, \quad \frac{\partial v}{\partial t}(x,0) = 0.$$

Die Lösung dieses Problems bekommen wir durch:

$$v(x,t) = u(l - x, t),$$

mit der Lösung $u(x,t)$ des entsprechenden Problems:

$$\frac{\partial^2 u}{\partial t^2} = c^2 \frac{\partial^2 u}{\partial x^2}.$$

$$u(x,0) = 0, \ \frac{\partial u}{\partial t}(x,0) = 0,$$

$$u(0,t) = r(t), u(l,t) = 0.$$

Aufgrund der Linearität der Wellengleichung kann ein beidseitiges Randwertproblem durch Addition der Lösungen zweier einseitiger Randwertprobleme gelöst werden.

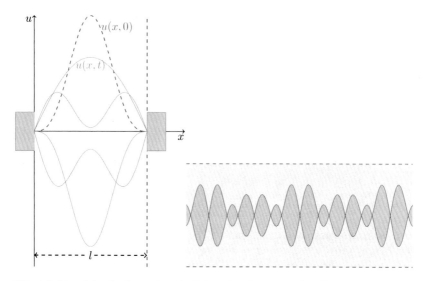

Abb. 1.1 Eine Saite der Länge $l > 0$ wird an den Orten $x = 0$ und $x = l$ eingespannt. Auslenkung der Saite u zu Zeiten $t > 0$ (links). Kundtsches Rohr. Stehende Welle als Lösung (rechts)

Der historische Ausgangspunkt für die Theorie der Wellengleichung ist das Problem der schwingenden Saite und seine Lösung mit der Methode von Fourier. Eine Saite wird an beiden Enden fest eingespannt. Zum Anfangszeitpunkt wird die Saite ausgelenkt, mit einer bestimmten Geschwindigkeit versehen und dann losgelassen. Die Saite wird in Schwingung versetzt (Abb. 1.1).

Bezeichnen wir die Auslenkung am Ort x zur Zeit t mit $u(x, t)$. Unter geeigneten physikalischen Annahmen kann die Auslenkung durch folgende Gleichung modelliert werden:

$$\frac{\partial^2 u}{\partial t^2}(x, t) = c^2 \frac{\partial^2 u}{\partial x^2}(x, t)$$

mit einer Konstanten $c > 0$. Die Saite wird an beiden Enden eingespannt. Dies ergibt die Randbedingungen:

$$u(0, t) = u(l, t) = 0 \qquad \text{für alle Zeiten } t \geq 0.$$

Die Schwingung wird nun durch die Anfangsauslenkung und Anfangsgeschwindigkeit angeregt:

$$u(x, 0) = f(x), \quad \frac{\partial u}{\partial t}(x, 0) = g(x).$$

Eine weitere klassische Anwendung betrifft das Kundtsche Rohr. Betrachten wir eine unendlich langes Rohr (Kundtsches Rohr), das mit einem Gas mit konstantem Druck befüllt ist. Zum Zeitpunkt $t = 0$, wird am Rohrende eine Druckstörung eingeleitet. Dadurch entstehen Druckschwankungen im Gas, die als Schall wahrgenommen werden. Diese Schwankungen werden im Versuchsaufbau durch Staub auf dem Boden des Rohres sichtbar gemacht. Wir beschreiben die Druckabweichung $u(x, t)$ vom Normaldruck am Ort x zur Zeit t durch die Wellengleichung (Abb. 1.1). Die eindimensionale Schallausbreitung im Kundtschen Rohr wird schließlich modelliert durch das Anfangswertproblem auf der unbeschränkten reellen Achse:

$$\frac{\partial^2 u}{\partial t^2} = c^2 \frac{\partial^2 u}{\partial x^2},$$

$$u(x, 0) = f(x), \quad \frac{\partial u}{\partial t}(x, 0) = g(x), x \in \mathbb{R}, 0 \le t.$$

Der Schlüssel zur Eindeutigkeit der Lösung des Problems HWG-AWHRWP ist die Energieerhaltung.

Satz: HWG-AWHRWP, Energieerhaltung, Eindeutigkeit
Sei u eine Lösung des HWG-AWHRWP:

$$\frac{\partial^2 u}{\partial t^2} = c^2 \frac{\partial^2 u}{\partial x^2},$$

$$u(x, 0) = f(x), \frac{\partial u}{\partial t}(x, 0) = g(x), u(0, t) = u(l, t) = 0.$$

Die Energie der Lösung u:

$$E(t) = \frac{1}{2} \int_0^l \left(c^2 \left(\frac{\partial u}{\partial x}(x, t) \right)^2 + \left(\frac{\partial u}{\partial t}(x, t) \right)^2 \right) dx$$

bleibt erhalten:

$$E(t) = E(0).$$

Darüber hinaus ist die Lösung des HWG-AWHAWP eindeutig.

Im Fall der schwingenden Saite kann $E(t)$ als die in der Saite gespeicherte Energie aufgefasst werden. Ableitung der Energie nach der Zeit liefert:

$$\frac{dE}{dt}(t) = \int_0^l \left(c^2 \frac{\partial u}{\partial x}(x,t) \frac{\partial^2 u}{\partial x \partial t}(x,t) + \frac{\partial u}{\partial t}(x,t) \frac{\partial^2 u}{\partial t^2}(x,t) \right) dx.$$

Benutzen der Wellengleichung ergibt:

$$\frac{dE}{dt}(t) = \int_0^l \left(c^2 \frac{\partial u}{\partial x}(x,t) \frac{\partial^2 u}{\partial x \partial t}(x,t) + c^2 \frac{\partial u}{\partial t}(x,t) \frac{\partial^2 u}{\partial x^2}(x,t) \right) dx$$

$$= c^2 \int_0^l \frac{\partial}{\partial x} \left(\frac{\partial u}{\partial x}(x,t) \frac{\partial u}{\partial t}(x,t) \right) dx$$

$$= c^2 \frac{\partial u}{\partial x}(x,t) \frac{\partial u}{\partial t}(x,t) \Big|_0^l$$

$$= 0.$$

Im letzten Schritt wurde die Idendität $\frac{\partial u}{\partial t}(0,t) = \frac{\partial u}{\partial t}(l,t) = 0$ verwendet, die aus $u(0,t) = u(l,t) = 0$ folgt. Im Fall homogener Anfangsbedingungen haben wir zusätzlich $u(x,0) = 0$ und $\frac{\partial u}{\partial x}(x,0) = 0$. Mit $\frac{\partial u}{\partial t}(x,0) = 0$ ergibt sich deshalb:

$$E(0) = \frac{1}{2} \int_0^l \left(c^2 \left(\frac{\partial u}{\partial x}(x,0) \right)^2 + \left(\frac{\partial u}{\partial t}(x,0) \right)^2 \right) dx = 0.$$

Die Gleichung $E(t) = 0$ zieht unmittelbar

$$\frac{\partial u}{\partial x}(x,t) = \frac{\partial u}{\partial t}(x,t) = 0$$

nach sich und

$$u(x,t) = u(0,0) = 0.$$

Die einzige Lösung des homogenen Problems ist damit die Nulllösung $u(x,t) = 0$. Nehmen wir an, das Problem

$$\frac{\partial^2 u}{\partial t^2} = c^2 \frac{\partial^2 u}{\partial x^2},$$

$$u(0,t) = u(l,t) = 0, \quad u(x,0) = f(x), \quad \frac{\partial u}{\partial t}(x,0) = g(x),$$

besitzt zwei Lösungen $u_1(x,t)$ und $u_2(x,t)$. Die Differenz

$$u(x,t) = u_1(x,t) - u_2(x,t)$$

löst dann das folgende Anfangsrandwertproblem:

$$\frac{\partial^2 u}{\partial t^2} = c^2 \frac{\partial^2 u}{\partial x^2},$$

$$u(0,t) = u(l,t) = 0, \quad u(x,0) = 0, \quad \frac{\partial u}{\partial t}(x,0) = 0.$$

Die einzige Lösung dieses Problems ist jedoch die Nulllösung. Die Differenz ist also gleich null, und die beiden Lösungen sind identisch. Offenbar kann dasselbe Argument auch im Fall des folgenden HWG-HAWRWP verwendet werden:

$$\frac{\partial^2 u}{\partial t^2} = c^2 \frac{\partial^2 u}{\partial x^2},$$

$$u(x,0) = 0, \quad \frac{\partial u}{\partial t}(x,0) = 0, u(0,t) = r(t), u(l,t) = 0.$$

Die Lösung des HWG-HAWRWP ist ebenfalls eindeutig.

Fourierreihen

2

Die Lösung der Wellengleichung und die Forurierentwicklung sind eng ineinander verwoben. Deshalb stellen wir der Behandlung der Wellengleichung einen kurzen Abriss der erforderlichen Ergebnisse über Fourierreihen voraus. Wir beginnen mit der periodischen Fortsetzung von Funktionen.

Definition: Periodische Fortsetzung

Gegeben sei eine Funktion $f : (-l, l] \longrightarrow \mathbb{R}$. Die direkte periodische Fortsetzung $f_{dpf} : \mathbb{R} \longrightarrow \mathbb{R}$ von f wird wie folgt erklärt:

$$f_{dpf}(x) = f(x), \quad x \in (-l, l],$$
$$f_{dpf}(x + 2kl) = f(x), \quad x \in (-l, l], k \in \mathbb{Z}.$$

Gegeben sei eine Funktion $f : [0, l] \longrightarrow \mathbb{R}$. Die ungerade Fortsetzung $f_{uf} : (-l, l] \longrightarrow \mathbb{R}$ von f und die ungerade periodische Fortsetzung $f_{upf} : \mathbb{R} \longrightarrow \mathbb{R}$ von f werden wie folgt erklärt:

$$f_{uf}(x) = f(x), \quad x \in [0, l],$$
$$f_{uf}(x) = -f(-x), \quad x \in (-l, 0),$$
$$f_{upf}(x) = f_{uf}(x), \quad x \in (-l, l],$$
$$f_{upf}(x + 2kl) = f_{uf}(x), \quad x \in (-l, l], k \in \mathbb{Z}.$$

© Der/die Autor(en), exklusiv lizenziert an Springer-Verlag GmbH, DE, ein Teil von
Springer Nature 2023
W. Strampp, *Die eindimensionale Wellengleichung*, essentials,
https://doi.org/10.1007/978-3-662-66428-5_2

Ungerade periodische Fortsetzung bedeutet, dass $f : [0, l] \longrightarrow \mathbb{R}$ zuerst zu einer ungeraden auf $(-l, l]$ definierten Funktion f_{uf} erweitert wird, und danach direkte periodische Fortsetzung anwendet wird. Offenbar gilt Folgendes: $f_{upf} : \mathbb{R} \longrightarrow \mathbb{R}$ ist ungerade, und $f_{dpf} : \mathbb{R} \longrightarrow \mathbb{R}$ (und $f_{upf} : \mathbb{R} \longrightarrow \mathbb{R}$) ist $2l$-periodisch.

Der Fourierentwicklung legen wir stückweise stetige oder stückweise glatte Funktionen zugrunde. (Glatt bedeutet stetig differenzierbar). Damit können die meisten Anwendungen abgedeckt werden.

Definition: Stückweise stetige und stückweise glatte Funktionen
Eine Funktion $f : [a, b] \longrightarrow \mathbb{R}$ heißt stückweise stetig bzw. stückweise glatt, wenn eine Partition $x_0 = a < x_1 < x_2 \cdots < x_{n-1} < x_n = b, n \in \mathbb{N}$, mit folgenden Eigenschaften existiert. In jedem offenen Teilintervall (x_j, x_{j+1}), $0 \leq j \leq n - 1$, ist f stetig bzw. glatt, und in x_j besitzt f bzw. f und f' einen rechtsseitigen und in x_{j+1} einen linksseitigen Grenzwert.

Beispiel 2.1
Die ungerade Fortsetzung besitzt einige bemerkenswerte Eigenschaften. Wenn eine stückweise glatte Funktion $f : [0, l) \to \mathbb{R}$ in einem Punkt $0 < x_j < l$ unstetig ist, dann besitzt die ungerade periodische Fortsetzung f_{upf} aufgrund der Periodizität Unstetigkeitsstellen in den Punkten $\pm x_j \pm 2l$. Betrachten wir nun die Randpunkte des Grundintervalls $x = 0$ and $x = l$. Wir benutzen folgende Beziehungen:

$$f_{upf}(x) = f(x), \quad 0 \leq x < l,$$

$$f_{upf}(x) = -f(-x), \quad -l \leq x < 0,$$

$$f_{upf}(x) = -f(2l - x), \quad l \leq x < 2l,$$

$$\frac{d}{dx} f(-x) = -f'(-x), \quad -l \leq x < 0,$$

$$\frac{d}{dx} f(2l - x) = -f'(2l - x), \quad l \leq x < 2l,$$

und bekommen

$$\lim_{x \to 0^-} f_{upf}(x) = -\lim_{x \to 0^+} f(x), \quad \lim_{x \to l^+} f_{upf}(x) = -\lim_{x \to l^-} f(x),$$

$$\lim_{x \to 0^-} f'_{upf}(x) = \lim_{x \to 0^+} f'_{upf}(x), \quad \lim_{x \to l^+} f'_{upf}(x) = \lim_{x \to l^-} f'_{upf}(x).$$

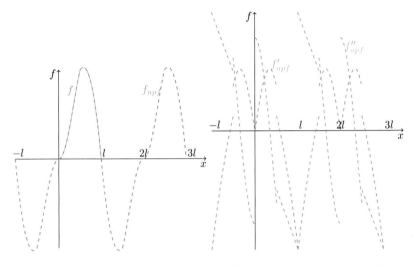

Abb. 2.1 Funktion $f : [0, l) \rightarrow \mathbb{R}$ mit ungerader, $2l$-periodischer Fortsetzung f_{upf} (links), Ableitungen f'_{upf} und f''_{upf} (rechts)

Allgemein gilt: wenn eine Funktion gerade ist, dann ist ihre Ableitung ungerade, wenn eine Funktion ungerade ist, dann ist ihre Ableitung gerade. Diese Überlegungen lassen sich sofort auf die zweite Ableitung übertragen (Abb. 2.1).   △

Wir kommen nun zu den Grundbegriffen der Fourierentwicklung, [2].

Definition: Fourier-Polynom und Fourierreihe
Sei $f : (-l, l] \longrightarrow \mathbb{R}$ eine stückweise stetige Funktion. Das Fourier-Polynom $S_{f,n}$ vom Grad n und die Fourierreihe S_f of f haben folgende Gestalt:

$$S_{f,n}(x) = \frac{a_0}{2} + \sum_{v=1}^{n} \left(a_v \cos\left(\frac{v\pi}{l}x\right) + b_v \sin\left(\frac{v\pi}{l}x\right) \right),$$

$$S_f(x) = \frac{a_0}{2} + \sum_{n=1}^{\infty} \left(a_n \cos\left(\frac{n\pi}{l}x\right) + b_n \sin\left(\frac{n\pi}{l}x\right) \right).$$

Die Fourier-Koeffizienten von f werden gegeben durch:

$$a_n = \frac{1}{l} \int_{-l}^{l} f(x) \cos\left(\frac{n\pi}{l}x\right) dx, \quad b_n = \frac{1}{l} \int_{-l}^{l} f(x) \sin\left(\frac{n\pi}{l}x\right) dx.$$

Wir bemerken, dass die Fourier-Koeffizienten und die Fourierreihe einer Funktion eindeutig sind. Bei der Berechnung der Fourier-Koeffizienten von ungeraden bzw. geraden Funktionen genügt es, jeweils über das halbe Periodenintervall zu integrieren. Für eine ungerade Funktion $f : (-l, l] \longrightarrow \mathbb{R}$, $f(x) = -f(-x)$, gilt:

$$a_n = 0, \ n \geq 0, \text{ und } b_n = \frac{2}{l} \int_{0}^{l} f(x) \sin\left(\frac{n\pi}{l}x\right) dx.$$

Für eine gerade Funktion $f : (-l, l] \longrightarrow \mathbb{R}$, $f(x) = -f(x)$, gilt:

$$b_n = 0, \ n \geq 1, \text{ und } a_n = \frac{2}{l} \int_{0}^{l} f(x) \cos\left(\frac{n\pi}{l}x\right) dx.$$

Die Fourierreihe einer ungeraden Funktion ist eine Sinus-Reihe. Die Fourierreihe einer geraden Funktion ist eine Kosinus-Reihe.

Es bleibt die Frage nach der Konvergenz der Fourierreihe.

Satz: Konvergenz der Fourierreihe
Sei $f : (-l, l] \longrightarrow \mathbb{R}$ stückweise glatt, dann konvergiert die Fourierreihe S_f von f in jedem Punkt $x \in \mathbb{R}$, und es gilt:

$$\frac{a_0}{2} + \sum_{n=1}^{\infty} \left(a_n \cos\left(\frac{n\pi}{l}x\right) + b_n \sin\left(\frac{n\pi}{l}x\right)\right)$$
$$= \frac{1}{2}\left(\lim_{\xi \to x^-} f_{dpf}(\xi) + \lim_{\xi \to x^+} f_{dpf}(\xi)\right).$$

Sei $f : (-l, l] \longrightarrow \mathbb{R}$, stückweise glatt und f_{dpf} stetig, dann konvergiert die Summe der Fourier-Koeffizienten von f absolut: $\sum_{n=0}^{\infty} |a_n| \leq \infty$, $\sum_{n=1}^{\infty} |b_n| \leq \infty$. Darüber hinaus konvergiert die Fourierreihe S_f von f absolut auf $\mathbb{R}$ gegen f_{dpf}:

$$\frac{a_0}{2} + \sum_{n=1}^{\infty} \left(a_n \cos\left(\frac{n\pi}{l}x\right) + b_n \sin\left(\frac{n\pi}{l}x\right) \right) = f_{dpf}(x).$$

Wenn f_{dpf} zusätzlich k-mal differenzierbar und $f^{(k)} : (-l, l] \longrightarrow \mathbb{R}$ stückweise glatt ist, dann existiert eine Konstante M, sodass für die Fourier-Koeffizienten von f gilt: $|a_n| \leq \frac{M}{n^{k+1}}$, $|b_n| \leq \frac{M}{n^{k+1}}$, $n \geq 1$.

Aus dieser Abschätzung bekommt man sofort die gleichmäßige Konvergenz der Fourierreihe und Aussagen über die Konvergenzordnung. Für die Behandlung der Wellengleichung benötigen wir noch die Ableitung und das Integral der Fourierreihe.

Satz: Fourierreihe der Ableitung und des Integrals
Sei $f : (-l, l] \longrightarrow \mathbb{R}$ und f_{dpf} glatt und f' stückweise glatt. Die Fourierreihe von f werde gegeben durch:

$$f_{dpf}(x) = \frac{a_0}{2} + \sum_{n=1}^{\infty} \left(a_n \cos\left(\frac{n\pi}{l}x\right) + b_n \sin\left(\frac{n\pi}{l}x\right) \right),$$

dann besitzt die Ableitung folgende Fourierreihe:

$$\sum_{n=1}^{\infty} \left(-\frac{n\pi}{l} a_n \sin\left(\frac{n\pi}{l}x\right) + \frac{n\pi}{l} b_n \cos\left(\frac{n\pi}{l}x\right) \right) = f'_{dpf}(x).$$

Die Reihe konvergiert absolut auf $\mathbb{R}$.
Sei $f : (-l, l] \longrightarrow \mathbb{R}$ stückweise glatt und f_{dpf} stetig. Die Fourierreihe von f werde gegeben durch:

$$f_{dpf}(x) = \sum_{n=1}^{\infty} \left(a_n \cos\left(\frac{n\pi}{l}x\right) + b_n \sin\left(\frac{n\pi}{l}x\right) \right),$$

dann besitzt das Integral folgende Fourierreihe:

$$\sum_{n=1}^{\infty} \frac{l}{n\pi} b_n + \sum_{n=1}^{\infty} \frac{l}{n\pi} \left(-b_n \cos\left(\frac{n\pi}{l}x\right) + a_n \sin\left(\frac{n\pi}{l}x\right) \right) = \int_0^x f_{dpf}(s)ds.$$

Die Reihe konvergiert absolut auf $\mathbb{R}$.

Für ungerade Funktionen ist die Bedingung $a_0 = 0$ immer erfüllt. Wir bemerken, dass diese Voraussetzung für den Integrationssatz wichtig ist, weil das Integral einer konstanten Funktion nicht mehr periodisch ist.

Beispiel 2.2
Wir betrachten die Funktion $f : [0, \pi] \to \mathbb{R}$, $f(x) = 1 + \cos(2x - \pi)$, und berechnen die Fourierreihe ihrer ungeraden Fortsetzung f_{uf} (Abb. 2.2). Wegen der

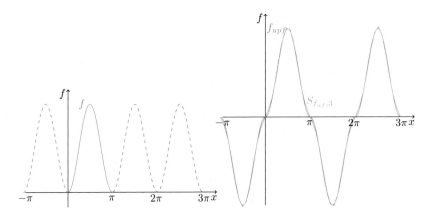

Abb. 2.2 Die Funktion $f : [0, \pi] \to \mathbb{R}$, $f(x) = 1 + \cos(2x - \pi)$, als Einschränkung von $1 + \cos(2x - \pi)$, $x \in \mathbb{R}$ (links). Die ungerade, 2π-periodische Fortsetzung f_{upf} mit dem Fourier-Polynom $S_{f_{uf},3}$ (rechts). Dieses Fourier-Polynom liefert bereits eine sehr gute Näherung an die Funktion f_{upf}

ungeraden Symmetrie gilt:

$$b_n = \frac{2}{\pi} \int\limits_0^\pi f_{uf}(x)\sin(nx)dx = \frac{2}{\pi} \int\limits_0^\pi f(x)\sin(nx)dx.$$

Da die Funktion eine weitere Symmetrie bezüglich der Achse $x = \frac{\pi}{2}$ besitzt, folgt:

$$b_{2n} = 0, \, b_{2n+1} = \frac{4}{\pi} \int\limits_0^{\frac{\pi}{2}} f(x)\sin((2n+1)x)dx = -\frac{16}{(2n+3)(2n+1)(2n-1)\pi}.$$

Die Fourierentwicklung lautet:

$$S_{f_{uf}} = -\frac{16}{\pi} \left(\frac{1}{(-1)\cdot 1\cdot 3}\sin(x) + \frac{1}{1\cdot 3\cdot 5}\sin(3x) + \frac{1}{3\cdot 5\cdot 7}\sin(5x) + \cdots \right).$$

Die Fourierreihe konvergiert gleichmäßig gegen f_{upf}.   △

Separation und Superposition

3

In diesem Kapitel diskutieren wir hauptsächlich das Problem der schwingenden Saite, also das HWG-AWHRWP. Wir suchen eine zweifach differenzierbare Funktion u, welche die eindimensionale Wellengleichung erfüllt:

$$\frac{\partial^2 u}{\partial t^2} = c^2 \frac{\partial^2 u}{\partial x^2}$$

zusammen mit den Anfangsbedingen:

$$u(x, 0) = f(x), \quad \frac{\partial u}{\partial t}(x, 0) = g(x),$$

und den Randbedingungen:

$$u(0, t) = u(l, t) = 0,$$

wobei $0 \le x \le l$, $0 \le t$. ($c > 0$ ist eine Konstante).

Die Anfangsfunktionen f und g können frei gewählt werden, vorausgesetzt dass f zweimal und g einmal stetig differenzierbar ist. Außerdem sind die Bedingungen $f(0) = f(l) = 0$ und $g(0) = g(l) = 0$ erforderlich. Es wird gezeigt, dass dieses Problem eindeutig gelöst werden kann. Die Idee, Lösungen zu erhalten, indem man zunächst die Variablen trennt, ist grundlegend für lineare partielle Differentialgleichungen zweiter Ordnung.

© Der/die Autor(en), exklusiv lizenziert an Springer-Verlag GmbH, DE, ein Teil von 19
Springer Nature 2023
W. Strampp, *Die eindimensionale Wellengleichung*, essentials,
https://doi.org/10.1007/978-3-662-66428-5_3

Definition: Separation
Separation bedeutet, dass wir versuchen, eine Lösung der HWG zu finden,
die als Produkt zweier Funktionen dargestellt werden kann. Dabei soll eine
Funktion ausschließlich vom Ort x und die andere ausschließlich von der Zeit
t abhängen:

$$u(x,t) = H(x)J(t).$$

Einsetzen dieses Ansatzes in die HWG liefert:

$$H(x)\frac{d^2 J}{d\,t^2}(t) = c^2\frac{d^2 H}{d\,x^2}(x)\,J(t).$$

Hieraus bekommen wir die Beziehung:

$$\frac{\frac{d^2 J}{dt^2}(t)}{c^2 J(t)} = \frac{\frac{d^2 H}{dx^2}(x)}{H(x)}.$$

Auf der linken Seite steht eine Funktion von t und auf der rechten Seite eine Funktion
von x. Wenn man eine Variable nach der anderen fixiert, wird klar, dass auf beiden
Seiten eine Konstante stehen muss:

$$\frac{\frac{d^2 J}{dt^2}(t)}{c^2 J(t)} = \frac{\frac{d^2 H}{dx^2}(x)}{H(x)} = k.$$

Wir notieren beide Gleichungen für sich:

$$\frac{\frac{d^2 H}{dx^2}}{H} = k, \quad \frac{\frac{d^2 J}{dt^2}}{c^2 J} = k,$$

und bekommen eine Orts- und eine Zeitgleichung:

$$\frac{d^2 H}{dx^2} - k\,H = 0, \quad \frac{d^2 J}{dt^2} - c^2 k J = 0.$$

Wenn diese beiden gewöhnlichen Differentialgleichung gelöst sind, dann ist $u(x,t)$
$= H(x)J(t)$ eine Lösung der HWG. Wir versuchen nun, die Randwertbedingungen
zu erfüllen. Für beliebige $t \geq 0$ bekommen wir:

$$u(0, t) = H(0)J(t) = 0, \quad u(l, t) = H(l)J(t) = 0.$$

Hieraus folgen die Randbedingungen:

$$H(0) = H(l) = 0.$$

(Die andere Möglichkeit wäre $J(t) = 0$, für alle t, und damit die Nulllösung $u(x, t) = 0$). Die Konstante k ist beliebig, und bei der Lösung der Ortsgleichung unterscheiden wir drei Fälle. Die allgemeine Lösung lautet:

$$(I) \ k = 0 : H(x) = Ax + B,$$
$$(II) \ k > 0 : H(x) = Ae^{\sqrt{k}x} + Be^{-\sqrt{k}x},$$
$$(III) \ k < 0 : H(x) = A\cos(px) + B\sin(px),$$

mit beliebigen Konstanten A and B und der Vereinbarung:

$$k = -p^2, \quad p > 0, \quad p = \sqrt{-k}.$$

Der Fall (I) scheidet aus, weil die Randbedingung auf die Nulllösung führt:

$$\left.\begin{array}{l} H(0) = B \qquad\quad = 0, \\ H(l) = Al + B = 0, \end{array}\right\} \Rightarrow A = B = 0.$$

Analog bekommen wir im Fall (II):

$$\left.\begin{array}{l} H(0) = A + B \qquad\qquad\quad = 0, \\ H(l) = Ae^{\sqrt{k}l} + Be^{-\sqrt{k}l} = 0, \end{array}\right\} \Rightarrow A = B = 0.$$

Also bleibt nur der Fall (III) übrig. Zunächst gilt:

$$H(0) = A, \quad H(l) = A\cos(pl) + B\sin(pl),$$

sodass $A = 0$, $B\sin(pl) = 0$. Nun folgt: $\sin(pl) = 0 \Leftrightarrow pl = n\pi, \quad n \in \mathbb{N}$. Die Lösung des Randwertproblems der Ortsgleichung erfordert die Wahl:

$$p = \sqrt{-k} = \frac{n\pi}{l}, n \in \mathbb{N}.$$

Wir bekommen deshalb folgende Lösungen:

$$H_n(x) = \sin\left(\frac{n\pi}{l}x\right), \quad n \in \mathbb{N}.$$

Diese Lösungen dürfen noch mit beliebigen Konstanten multipliziert werden. Die Zeitgleichung nimmt nun folgende Gestalt an:

$$\frac{d^2 J}{dt^2} + \left(c\frac{n\pi}{l}\right)^2 J = 0,$$

mit der allgemeinen Lösung: $J_n(t) = C_n \cos\left(c\frac{n\pi}{l}t\right) + D_n \sin\left(c\frac{n\pi}{l}t\right)$. Die Lösung J_n besitzt die Periode $\frac{2l}{cn}$ und die Frequenz $\frac{cn}{2l}$. Die Frequenzen $n\frac{c}{2l}$ sind dem Randwertproblem eingeprägt und heißen Eigenfrequenzen. Insgesamt ergeben sich folgende Lösungen der HWG, welche die Randbedingungen erfüllen.

Satz: Eigenschwingungen
Die HWG

$$\frac{\partial^2 u}{\partial t^2} = c^2 \frac{\partial^2 u}{\partial x^2}$$

mit den Randbedingungen $u(0, t) = u(l, t) = 0$ besitzt folgende Lösungen:

$$u_n(x, t) = \left(C_n \cos\left(c\frac{n\pi}{l}t\right) + D_n \sin\left(c\frac{n\pi}{l}t\right)\right) \sin\left(\frac{n\pi}{l}x\right), n \in \mathbb{N},$$

Die Konstanten C_n und D_n sind dabei beliebig. Diese Lösungen heißen Eigenschwingungen und stellen stehende Wellen dar (Abb. 3.1).

Beispiel 3.1
Wir versehen die HWG mit einem Dämpfungsterm und betrachten das Randwertproblem:

$$\frac{\partial^2 u}{\partial t^2} + \rho \frac{\partial u}{\partial t} = c^2 \frac{\partial^2 u}{\partial x^2},$$

$$u(0, t) = u(l, t) = 0, c > 0, \rho > 0, \frac{c\pi}{l} - \frac{\rho}{2} > 0.$$

Welche Ergebnisse liefert jetzt der Separationsansatz:

$$u(x, t) = H(x)J(t)?$$

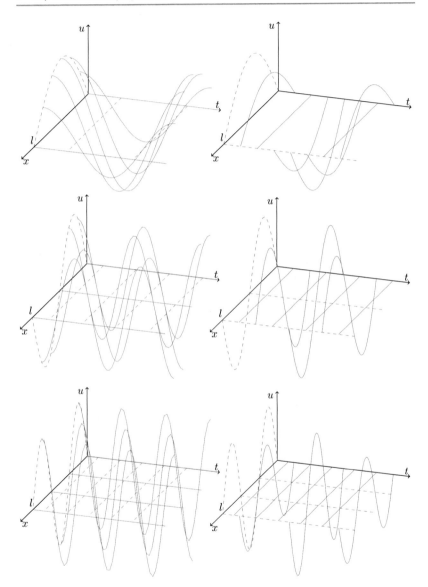

Abb. 3.1 Eigenschwingungen $n = 1$ (oben), $n = 2$ (Mitte), $n = 3$ (unten). Schwingung an festen Orten (links), Auslenkung zu festen Zeiten (rechts). Stehende Wellen: während die Saite schwingt, verbleiben gewisse Stellen in Ruhe (sogenannte Knoten). Alle anderen Stellen erfahren Schwingungen mit derselben Frequenz und verschiedenen Amplituden

Einsetzen dieses Ansatzes in die gedämpfte Gleichung ergibt:

$$H(x)\left(\frac{d^2 J}{dt^2}(t) + \rho\frac{dJ}{dt}(t)\right) = c^2\frac{d^2 H}{dx^2}(x)J(t).$$

Die Variablen können wieder getrennt werden:

$$\frac{\frac{d^2 J}{dt^2}(t) + \rho\frac{dJ}{dt}(t)}{c^2 J(t)} = \frac{\frac{d^2 H}{dx^2}(x)}{H(x)} = k.$$

Die folgenden Schritte verlaufen analog zur ungedämpften Gleichung. Wir betrachten eine Orts- und eine Zeitgleichung:

$$\frac{d^2 H}{dx^2} - kH = 0, \quad \frac{d^2 J}{dt^2} + \rho\frac{dJ}{dt} - c^2 k J = 0.$$

Die Lösung des Randwertproblems erfordert wieder die Wahl:

$$k = -\left(\frac{n\pi}{l}\right)^2, n \in \mathbb{N},$$

und ergibt folgende Lösungen der Ortsgleichung:

$$H_n(x) = \sin\left(\frac{n\pi}{l}x\right), n \in \mathbb{N}.$$

Die Lösungen der Zeitgleichung stellen aber nun gedämpfte Schwingungen dar:

$$J_n(t) = e^{-\frac{\rho}{2}t}\left(C_n\cos\left(\sqrt{\left(c\frac{n\pi}{l}\right)^2 - \frac{\rho^2}{4}}t\right) + D_n\sin\left(\sqrt{\left(c\frac{n\pi}{l}\right)^2 - \frac{\rho^2}{4}}t\right)\right).$$

Bei der ungedämpften Gleichung haben wir zeitliche Frequenzen $n\frac{c}{2l}$, also Vielfache einer Grundfrequenz $\frac{c}{2l}$. Die Dämpfung lässt dies nicht mehr zu. Wir bekommen zeitliche Frequenzen $\frac{1}{2\pi}\sqrt{\left(c\frac{n\pi}{l}\right)^2 - \frac{\rho^2}{4}}$.   △

Im Allgemeinen wird eine Eigenschwingung der HWG alleine nicht in der Lage sein, die Anfangsbedingungen zu erfüllen. Die Summe zweier Lösungen ist aufgrund der Linearität wieder eine Lösung und Eigenschwingungen können aufaddiert werden.

Definition: Superposition

Das Prinzip der Superposition lässt die Konvergenzfrage beiseite und überlagert Eigenschwingungen der HWG zu einer Reihe:

$$u(x,t) = \sum_{n=1}^{\infty} \left(C_n \cos\left(c\frac{n\pi}{l}t \right) + D_n \sin\left(c\frac{n\pi}{l}t \right) \right) \sin\left(\frac{n\pi}{l}x \right).$$

Unter der Voraussetzung der Konvergenz ist die Lösung $\frac{2l}{c}$-periodisch in der Zeit t, $2l$-periodisch und ungerade im Ort x, denn für alle $n \geq 1$ gilt:

$$c\frac{n\pi}{l}\left(t + \frac{2l}{c} \right) = c\frac{n\pi}{l}t + c\frac{n\pi}{l}\frac{2l}{c} = c\frac{n\pi}{l}t + 2n\pi,$$

$$\frac{n\pi}{l}(x + 2l) = \frac{n\pi}{l}x + n2\pi,$$

$$\sin\left(\frac{n\pi}{l}x \right) = -\sin\left(\frac{n\pi}{l}(-x) \right).$$

Die Anfangsbedingung erfordert, dass die Anfangsfunktion in eine Sinus-Reihe entwickelt werden kann:

$$f(x) = u(x,0) = \sum_{n=1}^{\infty} C_n \sin\left(\frac{n\pi}{l}x \right), 0 \leq x \leq l.$$

Eine analoge Forderung bekommen wir für die Anfangsgeschwindigkeit:

$$g(x) = \frac{\partial u}{\partial t}(x,0) = \sum_{n=1}^{\infty} D_n c\frac{n\pi}{l} \sin\left(\frac{n\pi}{l}x \right), 0 \leq x \leq l.$$

Vorausgesetzt die Sinus-Reihe konvergiert, dann stellt sie wieder eine ungerade, $2l$-periodische Funktion dar. Bei der Verwendung der Fourier-Methode für das Randwertproblem muss man beachten, dass man von den Anfangsfunktionen sofort zu ihren ungeraden periodischen Fortsetzungen übergeht. Die Fourierentwicklung kann nur mit periodischen Funktionen arbeiten.

Wir nehmen nun an, dass f_{upf} und g_{upf} auf dem Intervall $(-l, l)$ viermal bzw. dreimal stetig differenzierbar sind. Zunächst ist die Entwicklung von f und g in eine Sinus-Reihe gewährleistet. Daraus folgt weiter, dass die durch Superposition erhaltene Reihe gleichmäßig konvergiert und stetige erste und zweite partielle Ableitungen hat. Die Reihe stellt somit die Lösung des Anfangsrandwertproblems für die schwingende Saite dar.

Satz: HWG-AWHRWP, Lösung durch die Methode von Fourier
Das HWG-AWHRWP:

$$\frac{\partial^2 u}{\partial t^2} = c^2 \frac{\partial^2 u}{\partial x^2}.$$

$$u(x,0) = f(x), \ \frac{\partial u}{\partial t}(x,0) = g(x),$$

$$u(0,t) = 0, u(l,t) = 0,$$

besitzt folgende Lösung:

$$u(x,t) = \sum_{n=1}^{\infty} \left(C_n \cos\left(c\frac{n\pi}{l}t\right) + D_n \sin\left(c\frac{n\pi}{l}t\right) \right) \sin\left(\frac{n\pi}{l}x\right),$$

$$C_n = \frac{2}{l} \int_0^l f(x) \sin\left(\frac{n\pi}{l}x\right) dx, \ D_n = \frac{2}{cn\pi} \int_0^l g(x) \sin\left(\frac{n\pi}{l}x\right) dx.$$

Beispiel 3.2
Wir betrachten das HWG-AWHRWP:

$$\frac{\partial^2 u}{\partial t^2} = c^2 \frac{\partial^2 u}{\partial x^2},$$

$$u(x,0) = f(x), \ \frac{\partial u}{\partial t}(x,0) = 0, \ u(0,t) = u(l,t) = 0,$$

mit

$$f(x) = e^{-\frac{\pi}{l}x} \sin\left(\frac{\pi}{l}x\right).$$

Wir entwickeln f in eine Sinus-Reihe. Die Koeffizienten lauten:

$$C_n = \frac{2}{l} \int_0^l e^{-\frac{\pi}{l}x} \sin\left(\frac{\pi}{l}x\right) \sin\left(\frac{n\pi}{l}x\right) dx = \frac{4}{\pi}\left(1 + (-1)^n e^{-\pi}\right)\frac{n}{n^4+4}.$$

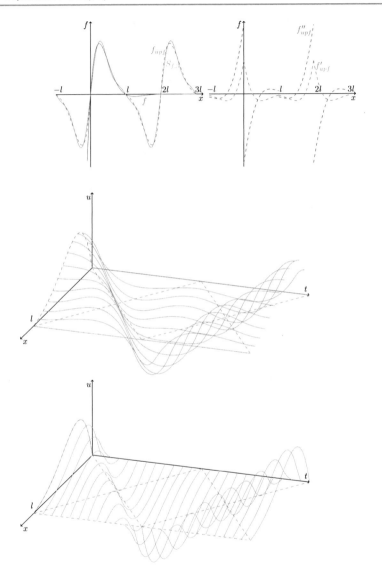

Abb. 3.2 Die Funktionen f, f_{upf} mit dem Fourier-Polynom $s_{f,3}(x)$ (oben, links), Ableitungen von f_{upf} (oben, rechts). Schwingung an festen Orten x (Mitte) und Auslenkungen der Saite zu festen Zeiten t (unten), mit Geraden $x + ct = kl$, $x - ct = kl$

Die Konvergenz der Reihe ist von dritter Ordnung. Bereits wenige Terme der Fourierreihe S_f reichen für eine sehr gute Näherung an f_{upf} aus (Abb. 3.2). Die Lösung des AWHRWP lautet (Abb. 3.2):

$$u(x,t) = \sum_{n=1}^{\infty} C_n \cos\left(c\frac{n\pi}{l}t\right) \sin\left(\frac{n\pi}{l}x\right).$$

Unstetigkeiten der zweiten partiellen Ableitungen von u breiten sich entlang der Geraden $x + ct = kl$, $x - ct = kl$ aus.   △

Die Methoden von Fourier und d'Alembert 4

Die Lösung des HWG-AWHRWP, die wir mit der Fourier-Methode bekommen haben, kann trigonometrisch umgeformt werden:

$$u(x,t) = \sum_{n=1}^{\infty} \left(C_n \cos\left(c\frac{n\pi}{l}t\right) \sin\left(\frac{n\pi}{l}x\right) + D_n \sin\left(c\frac{n\pi}{l}t\right) \sin\left(\frac{n\pi}{l}x\right) \right)$$

$$= \sum_{n=1}^{\infty} \frac{C_n}{2} \left(\sin\left(\frac{n\pi}{l}(x-ct)\right) + \sin\left(\frac{n\pi}{l}(x+ct)\right) \right)$$

$$+ \sum_{n=1}^{\infty} \frac{D_n}{2} \left(-\cos\left(\frac{n\pi}{l}(x+ct)\right) + \cos\left(\frac{n\pi}{l}(x-ct)\right) \right).$$

Nun bringen wir die Fourierentwicklungen ein:

$$u(x,0) = f(x) = \sum_{n=1}^{\infty} C_n \sin\left(\frac{n\pi}{l}x\right), \ 0 \le x \le l,$$

$$\frac{\partial u}{\partial t}(x,0) = g(x) = \sum_{n=1}^{\infty} D_n c \frac{n\pi}{l} \sin\left(\frac{n\pi}{l}x\right), \ 0 \le x \le l,$$

bzw.

$$f_{upf}(x) = \sum_{n=1}^{\infty} C_n \sin\left(\frac{n\pi}{l}x\right), \ g_{upf}(x) = \sum_{n=1}^{\infty} D_n c \frac{n\pi}{l} \sin\left(\frac{n\pi}{l}x\right), \ x \in \mathbb{R}.$$

Nach dem Satz über die Fourierreihe des Integrals ergibt sich:

W. Strampp, *Die eindimensionale Wellengleichung*, essentials, https://doi.org/10.1007/978-3-662-66428-5_4

$$\frac{1}{c} \int\limits_0^x g_{upf}(s)ds = \sum_{n=1}^{\infty} \left(-D_n \cos\left(\frac{n\pi}{l}\xi\right)\right) - \sum_{n=1}^{\infty} (-D_n)$$

und damit folgt:

Satz: HWG-AWHRWP, Lösung durch die Methode von d'Alembert
Die Lösung des HWG-AWHRWP:

$$\frac{\partial^2 u}{\partial t^2} = c^2 \frac{\partial^2 u}{\partial x^2}.$$

$$u(x,0) = f(x),\ \frac{\partial u}{\partial t}(x,0) = g(x),$$

$$u(0,t) = 0,\, u(l,t) = 0,$$

wird gegeben durch:

$$u(x,t) = \frac{1}{2}\left(f_{upf}(x+ct) + f_{upf}(x-ct)\right) + \frac{1}{2c} \int\limits_{x-ct}^{x+ct} g_{upf}(s)ds.$$

Wir bemerken noch, dass das Integral $\int_0^x g_{upf}(s)ds$ eine gerade, $2l$-periodische Funktion darstellt. Wir benutzen dazu erstens die Substitution $s = -\sigma$ und $-g_{upf}(-\sigma) = g_{upf}(\sigma)$:

$$\int\limits_0^{-x} g_{upf}(s)ds = \int\limits_0^x g_{upf}(-\sigma)(-1)d\sigma = \int\limits_0^x g_{upf}(\sigma)d\sigma.$$

Wir benutzen zweitens die Substitution $s = \sigma + 2l$, $g_{upf}(\sigma + 2l) = g_{upf}(\sigma)$ und $\int_0^{2l} g_{upf}(s)ds = 0$:

$$\int\limits_0^{x+2l} g_{upf}(s)ds = \int\limits_{2l}^{x+2l} g_{upf}(s)ds = \int\limits_0^x g_{upf}(\sigma + 2l)d\sigma = \int\limits_0^x g_{upf}(\sigma)d\sigma.$$

Die Methode von d'Alembert besteht darin, dass die Lösung als Summe zweier laufender Wellen dargestellt wird. Die eine Welle ist rückläufig (linksläufig) $\phi(x + ct)$ (Abb. 4.1), und die andere ist vorläufig (rechtsläufig) $\psi(x - ct)$ (Abb. 4.1):

$$u(x, t) = \phi(x + ct) + \psi(x - ct)$$

$$= \frac{1}{2} f_{upf}(x + ct) + \frac{1}{2c} \int_0^{x+ct} g_{upf}(s)ds + \frac{1}{2} f_{upf}(x - ct)$$

$$- \frac{1}{2c} \int_0^{x-ct} g_{upf}(s)ds.$$

Sowohl die Reihen der Methode von Fourier als auch die vor- und rückläufige Welle der Methode von d'Alembert können unter abgeschwächten Voraussetzungen an die Differenzierbarkeit gebildet werden. Wir bekommen dann keine Lösungen im klassischen Sinn mehr. Unstetigkeiten in den Anfangsfunktionen und ihren Ableitungen breiten sich in den Lösungen auf den Geraden $x \pm ct = const.$ aus.

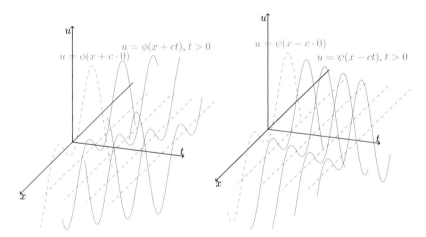

Abb. 4.1 Rückläufige (linksläufige) Welle (links), vorläufige (rechtsläufige) Welle (rechts). Auslenkung zu festen Zeiten t

Der Fourierentwicklung entnimmt man sofort, dass die Lösung des HWG-AWHRWP periodisch in der Zeit ist. Wir leiten nun die Periodizität und weitere Symmetrien aus der d'Alembertschen Form der Lösung her.

Satz: HWG-AWHRWP, d'Alembertsche Form der Lösung und Symmetrien
Die d'Alembertsche Lösung des HWG-AWHRWP:

$$u(x,t) = \frac{1}{2}\left(f_{upf}(x+ct) + f_{upf}(x-ct)\right) + \frac{1}{2c}\int\limits_{x-ct}^{x+ct} g_{upf}(s)ds$$

ist ungerade im Ort:
$$u(x,t) = -u(-x,t)$$
und periodisch im Ort und in der Zeit:
$$u(x,t) = u(x+2l,t),\, u(x,t) = u\left(x,t+\frac{2l}{c}\right).$$

Wenn die Anfangsgeschwindigkeit verschwindet $g(x)=0$, $x \in [0,l]$, gilt:
$$u\left(x,\frac{l}{c}-t\right) = u\left(x,\frac{l}{c}+t\right).$$

Wenn die Anfangsauslenkung verschwindet $f(x)=0$, $x \in [0,l]$, gilt:
$$u\left(x,\frac{l}{c}-t\right) = -u\left(x,\frac{l}{c}+t\right).$$

Die Funktionen $f_{upf}(x)$ und $g_{upf}(x)$ sind ungerade. Die Funktion $\int_0^x g_{upf}(s)ds$ ist gerade. Damit bekommen wir:

$$-u(-x,t) = -\frac{1}{2}\left(f_{upf}\left(-x+ct\right) + f_{upf}\left(-x-ct\right)\right) - \frac{1}{2c}\int\limits_{-x-ct}^{-x+ct} g_{upf}(s)ds$$

$$= \frac{1}{2}\left(f_{upf}\left(x-ct\right) + f_{upf}\left(x+ct\right)\right) + \frac{1}{2c}\int\limits_{-x+ct}^{-x-ct} g_{upf}(s)ds$$

$$= \frac{1}{2}\left(f_{upf}\left(x+ct\right) + f_{upf}\left(x-ct\right)\right) + \frac{1}{2c}\int\limits_{x-ct}^{x+ct} g_{upf}(s)ds$$

$$= u(x,t).$$

Das Integral der Funktion $g_{upf}(x)$ über ein Intervall der Länge $2l$ verschwindet. Daraus folgt die Periodizität in der Zeit. (Die Periodizität im Ort zeigt man analog):

$$u\left(x, t+\frac{2l}{c}\right) = \frac{1}{2}\left(f_{upf}\left(x+ct+2l\right) + f_{upf}\left(x-ct-2l\right)\right)$$

$$+ \frac{1}{2c}\int\limits_{x-ct-2l}^{x+ct+2l} g_{upf}(s)ds$$

$$= \frac{1}{2}\left(f_{upf}(x+ct) + f_{upf}(x-ct)\right) + \frac{1}{2c}\int\limits_{x-ct}^{x+ct} g_{upf}(s)ds$$

$$= u(x,t).$$

Falls $g(x) = 0$, $x \in [0,l]$, gilt:

$$u\left(x, \frac{l}{c}-t\right) = \frac{1}{2}\left(f_{upf}\left(x+c\left(\frac{l}{c}-t\right)\right) + f_{upf}\left(x-c\left(\frac{l}{c}-t\right)\right)\right)$$

$$= \frac{1}{2}\left(f_{upf}(x-ct+l) + f_{upf}(x+ct-l)\right)$$

$$= \frac{1}{2}\left(f_{upf}(x-ct-l) + f_{upf}(x+ct+l)\right)$$

$$= \frac{1}{2}\left(f_{upf}\left(x+c\left(\frac{l}{c}+t\right)\right) + f_{upf}\left(x-c\left(\frac{l}{c}+t\right)\right)\right)$$

$$= u\left(x, \frac{l}{c}+t\right).$$

Falls $f(x) = 0$, $x \in [0, l]$, gilt:

$$
\begin{aligned}
u\left(x, \frac{l}{c} - t\right) &= \frac{1}{2c} \int\limits_{x+ct-l}^{x-ct+l} g_{upf}(s)ds = -\frac{1}{2c} \int\limits_{x-ct+l}^{x+ct-l} g_{upf}(s)ds \\
&= -\frac{1}{2c} \int\limits_{x-ct-l}^{x+ct+l} g_{upf}(s)ds \\
&= -u\left(x, \frac{l}{c} + t\right).
\end{aligned}
$$

Während die Fourier-Analyse Informationen über die an der Auslenkung beteiligten Eigenschwingungen liefert, zeigen die exakten Lösungen der d'Alembertschen Form alle Details über Unstetigkeiten im Bewegungsablauf. Wenn die Fourier-Reihe schnell genug konvergiert, genügen wenige Koeffizienten, um die Lösung in guter Näherung darzustellen. Dies ist ein großer Vorteil beim Speichern der Daten oder beim Zeichnen der Funktion. Die Methode von d'Alembert erfordert sehr komplizierte Fallunterscheidungen (Abb. 4.2). Dies macht es schwierig, die Lösung zu visualisieren. Die Lösung muss zunächst so ausgedrückt werden, dass nur die gegebenen Anfangsdaten $f, g : [0, l] \longrightarrow \mathbb{R}$ benötigt werden. Alle in die Lösung eingehenden Fortsetzungen müssen zurückgeführt werden. Wegen der zeitlichen Periodizität genügt es, die Lösungen auf dem Rechteck $0 \le x \le l$, $0 \le t \le \frac{2l}{c}$, auszuarbeiten (Abb. 4.2):

$I)$ $0 \le x + ct < l, 0 \le x - ct < l,$

$$
u(x, t) = \frac{1}{2}\left(f(x + ct) + f(x - ct)\right) + \frac{1}{2c} \int\limits_{x-ct}^{x+ct} g(s)ds,
$$

$II)$ $0 \le x + ct < l, -l \le x - ct < 0,$

$$
u(x, t) = \frac{1}{2}\left(f(x + ct) - f(-(x - ct))\right) + \frac{1}{2c} \int\limits_{-(x-ct)}^{x+ct} g(s)ds,
$$

$III)$ $l \le x + ct < 2l, 0 \le x - ct < l,$

$$
u(x, t) = \frac{1}{2}\left(-f(2l - (x + ct)) + f(x - ct)\right) + \frac{1}{2c} \int\limits_{x-ct}^{2l-(x+ct)} g(s)ds,
$$

$IV)$ $l \le x + ct < 2l, -l \le x - ct < 0,$

Abb. 4.2 D'Alembertsche
Lösung für $0 \leq x \leq l$,
$0 \leq t \leq \frac{2l}{c}$, unter
Verwendung der
Anfangsfunktionen
$f, g : [0, l] \longrightarrow \mathbb{R}$ ohne
Fortsetzungen.
Fallunterscheidungen

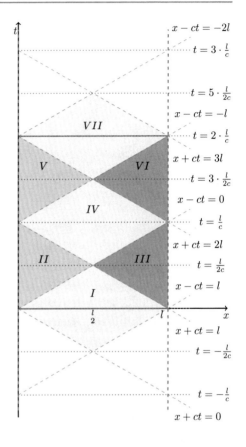

$$u(x, t) = \frac{1}{2}\left(-f(2l - (x + ct)) - f(-(x - ct))\right) + \frac{1}{2c}\int\limits_{-(x-ct)}^{2l-(x+ct)} g(s)\,ds,$$

$$V) \quad l \leq x + ct < 2l, \; -2l \leq x - ct < -l,$$

$$u(x, t) = \frac{1}{2},\left(-f(2l - (x + ct)) + f(x - ct + 2l)\right) + \frac{1}{2c}\int\limits_{x-ct+2l}^{2l-(x+ct)} g(s)\,ds,$$

$$VI) \quad 2l \leq x + ct < 3l, \; -l \leq x - ct < 0,$$

$$u(x,t) = \frac{1}{2}\left(f(x+ct-2l) - f(-(x-ct))\right) + \frac{1}{2c}\int\limits_{-(x-ct)}^{x+ct-2l} g(s)ds,$$

$$VII) \quad 2l \le x + ct < 3l, \; -2l \le x - ct < -l,$$

$$u(x,t) = \frac{1}{2}\left(f(x+ct-2l) + f(x-ct+2l)\right) + \frac{1}{2c}\int\limits_{x-ct+2l}^{x+ct-2l} g(s)ds.$$

Beispiel 4.1

Wir betrachten das HWG-AWHRWP:

$$\frac{\partial^2 u}{\partial t^2} = c^2 \frac{\partial^2 u}{\partial x^2},$$

$$u(x,0) = f(x), \quad \frac{\partial u}{\partial t}(x,0) = 0, \quad u(0,t) = u(l,t) = 0,$$

mit $f(x) = mx$ für $0 \le x < \frac{l}{2}$, $f(x) = m(l-x)$ für $\frac{l}{2} \le x \le l$, $m = const$.
Wir entwickeln f_{upf} in eine Fourierreihe. Die Koeffizienten lauten:

$$C_n = \frac{2}{l}\int\limits_0^l f(x)\sin\left(\frac{n\pi}{l}x\right)dx.$$

Aus den folgenden Beziehungen:

$$f\left(\frac{l}{2}+x\right) = f\left(\frac{l}{2}-x\right),$$

$$\sin\left(\frac{n\pi}{l}\left(\frac{l}{2}+x\right)\right) = (-1)^{n+1}\sin\left(\frac{n\pi}{l}\left(\frac{l}{2}-x\right)\right),$$

ergeben sich weitere Symmetrien des Integranden, und wir bekommen:

$$C_{2n} = \frac{2}{l}\int\limits_0^l f(x)\sin\left(\frac{2n\pi}{l}x\right)dx = 0,$$

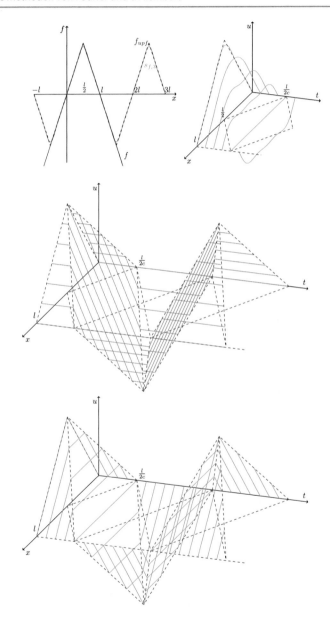

Abb. 4.3 Die Funktionen f, f_{upf} mit dem Fourier-Polynom $s_{f,3}$ (oben, links), Fourier-Lösung des AWHRWP unter Verwendung von drei Eigenschwingungen (oben, rechts). Schwingung an festen Orten x (Mitte) und Auslenkungen der Saite zu festen Zeiten t (unten)

$$C_{2n+1} = \frac{4}{l} \int\limits_{0}^{\frac{l}{2}} mx \sin\left(\frac{(2n+1)\pi}{l}x\right) dx = (-1)^n \frac{4\,ml}{(2n+1)^2\pi^2}, \quad n \geq 0.$$

Die Konvergenz der Reihe ist von zweiter Ordnung. Wenige Terme der Fourierreihe s_f reichen für eine gute graphische Annäherung an die Funktion f aus (Abb. 4.3). Die Lösung des AWHRWP lautet schließlich:

$$u(x,t) = \sum_{n=1}^{\infty} C_{2n+1} \cos\left(c\frac{(2n+1)\pi}{l}t\right) \sin\left(\frac{(2n+1)\pi}{l}x\right).$$

Unstetigkeiten in den ersten partiellen Ableitungen der Funktion u breiten sich längs der Geraden $x + ct = k\frac{l}{2}$, $x - ct = k\frac{l}{2}$ aus (Abb. 4.3). Die Lösung kann auch exakt mit der Methode von d'Alembert dargestellt werden (Abb. 4.3):

$$u(x,t) = \frac{1}{2}(f_{upf}(x+ct) + f_{upf}(x-ct)).$$

$\triangle$

Weitere Anwendungen der Methode von Fourier

5

Wir betrachten zwei weitere Anwendungen der Methode von Fourier, welche die inhomogene Gleichung und das Randwertproblem für die homogene Gleichung betreffen. Bei beiden Problemen erweist sich die Methode von Fourier als schwerfällig und wird eher selten herangezogen. Sie vermittelt aber Einsicht in den Zusammenhang der beiden Probleme. Wir konzentrieren uns auf die Verfahren und übergehen Konvergenzfragen.

Satz: IWG-HAWRWP, Lösung durch die Methode von Fourier

Wir nehmen an, dass die Inhomogenität bezüglich der Ortsvariablen in eine Sinus-Reihe entwickelt werden kann:

$$F(x, t) = \sum_{n=1}^{\infty} F_n(t) \sin\left(\frac{n\pi}{l} x\right).$$

Dann besitzt das IWG-HAWRWP

$$\frac{\partial^2 u}{\partial t^2} = c^2 \frac{\partial^2 u}{\partial x^2} + F(x, t),$$

$$u(x, 0) = 0, \quad \frac{\partial u}{\partial t}(x, 0) = 0, \quad u(0, t) = 0, u(l, t) = 0,$$

folgende Lösung:

$$u(x, t) = \sum_{n=1}^{\infty} \frac{l}{cn\pi} \left(\int_0^t \sin\left(c\frac{n\pi}{l}(t - \tau)\right) F_n(\tau)d\tau \right) \sin\left(\frac{n\pi}{l}x\right).$$

Wir machen folgenden Ansatz:

$$u(x, t) = \sum_{n=1}^{\infty} u_n(t) \sin\left(\frac{n\pi}{l}x\right),$$

der offenbar die Randbedingungen erfüllt. Einsetzen in die inhomogene Gleichung liefert:

$$\sum_{n=1}^{\infty} \left(\frac{d^2 u_n}{dt^2}(t) + c^2 \frac{n^2 \pi^2}{l^2} u_n(t) \right) \sin\left(\frac{n\pi}{l}x\right) = \sum_{n=1}^{\infty} F_n(t) \sin\left(\frac{n\pi}{l}x\right).$$

Durch Koeffizientenvergleich ergeben sich die folgenden gewöhnlichen Differentialgleichungen:

$$\frac{d^2 u_n}{dt^2}(t) + c^2 \frac{n^2 \pi^2}{l^2} u_n(t) = F_n(t).$$

Mit der Greenschen Funktion bekommen wir die Lösungen:

$$u_n(t) = \frac{l}{cn\pi} \int_0^t \sin\left(c\frac{n\pi}{l}(t - \tau)\right) F_n(\tau)d\tau.$$

Die Greenschen Lösungen erfüllen homogene Anfangsbedingungen $u_n(0) = 0$, $\frac{du_n}{dt}(0) = 0$, und garantieren die Anfangsbedingungen der Reihe $u(x, 0) = 0$, $\frac{\partial u}{\partial t}(x, 0) = 0$. Aufsummieren der Reihe führt auf die Formel von Duhamel:

$$u(x, t)$$

$$= \sum_{n=1}^{\infty} \frac{l}{cn\pi} \left(\int_0^t \sin\left(c\frac{n\pi}{l}(t - \tau)\right) F_n(\tau)d\tau \right) \sin\left(\frac{n\pi}{l}x\right)$$

$$= \sum_{n=1}^{\infty} \frac{l}{cn\pi} \left(\int_0^t \sin\left(c\frac{n\pi}{l}(t-\tau)\right) \sin\left(\frac{n\pi}{l}x\right) F_n(\tau)d\tau \right)$$

$$= \frac{1}{2c} \sum_{n=1}^{\infty} \int_0^t \left(\frac{l}{n\pi} \cos\left(\frac{n\pi}{l}(x - c(t-\tau))\right) - \frac{l}{n\pi} \cos\left(\frac{n\pi}{l}(x + c(t-\tau))\right) \right) F_n(\tau)d\tau$$

$$= \frac{1}{2c} \sum_{n=1}^{\infty} \int_0^t \left(\int_{x-c(t-\tau)}^0 \sin\left(\frac{n\pi}{l}\sigma\right) d\sigma + \int_0^{x+c(t-\tau)} \sin\left(\frac{n\pi}{l}\sigma\right) d\sigma \right) F_n(\tau)d\tau$$

$$= \frac{1}{2c} \sum_{n=1}^{\infty} \int_0^t \left(\int_{x-c(t-\tau)}^{x+c(t-\tau)} \sin\left(\frac{n\pi}{l}\sigma\right) d\sigma \right) F_n(\tau)d\tau$$

$$= \frac{1}{2c} \int_0^t \left(\int_{x-c(t-\tau)}^{x+c(t-\tau)} \left(\sum_{n=1}^{\infty} \sin\left(\frac{n\pi}{l}\sigma\right) F_n(\tau) \right) d\sigma \right) d\tau$$

$$= \frac{1}{2c} \int_0^t \left(\int_{x-c(t-\tau)}^{x+c(t-\tau)} F(\sigma, \tau) d\sigma \right) d\tau.$$

Diese Formel gilt tatsächlich unter viel allgemeineren Voraussetzungen, wie in den folgenden Kapiteln gezeigt wird.

Als Nächstes betrachten wir das Anfangsrandwertproblem für die homogene Gleichung mit homogenen Anfangswerten (HWG-HAWRWP):

$$\frac{\partial^2 u}{\partial t^2} = c^2 \frac{\partial^2 u}{\partial x^2},$$

$$u(x,0) = 0, \quad \frac{\partial u}{\partial t}(x,0) = 0,$$

$$u(0,t) = r(t), \quad u(l,t) = 0,$$

wobei $r(0) = 0$, $\frac{dr}{dt}(0) = 0$. Die Idee ist nun, dieses Problem in das obige IWG-HAWRWP zu überführen. Wir müssen also die inhomogene Randbedingung homogenisieren und als Ausgleich dafür eine Inhomogenität in der Gleichung in Kauf nehmen. Wir verwenden eine Hilfsfunktion

$$q(x) = \frac{x - l}{l}, 0 \le x \le l,$$

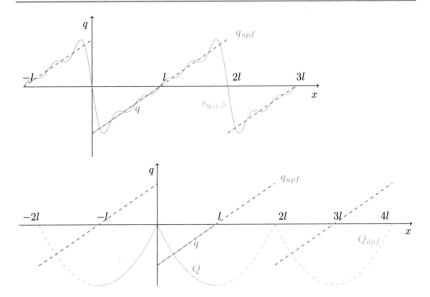

Abb. 5.1 Die Funktionen q_{upf}, Q, und die direkte periodische Fortsetzung Q_{dpf} (oben). Die Funktionen q, q_{upf} und das Fourier-Polynom $s_{q_{uf},5}$ (unten)

und entwickeln q nach ungerader Fortsetzung in eine Sinusreihe (Abb. 5.1):

$$q_{upf}(x) = \sum_{n=1}^{\infty}\left(\frac{2}{l}\int_{0}^{l}\frac{x-l}{l}\sin\left(\frac{n\pi}{l}x\right)dx\right)\sin\left(\frac{n\pi}{l}x\right) = \sum_{n=1}^{\infty}\left(-\frac{2}{n\pi}\right)\sin\left(\frac{n\pi}{l}x\right).$$

Nun führen wir eine neue Funktion ein:

$$v(x,t) = u(x,t) + q_{upf}(x)r(t).$$

Für die neue Funktion v ergibt sich das folgende Problem:

$$\frac{\partial^2 v}{\partial t^2}(x,t) = c^2\frac{\partial^2 v}{\partial x^2}(x,t) + F(x,t), \quad F(x,t) = q_{upf}(x)\frac{d^2 r}{dt^2}(t),$$

$$v(x,0) = 0, \frac{\partial v}{\partial t}(x,0) = 0,$$

$$v(0, t) = v(l, t) = 0.$$

Der obige Ansatz für das IWG-HAWRWP kann nun angewendet werden:

$$v(x, t) = \sum_{n=1}^{\infty} \frac{l}{cn\pi} \left(\int_0^t \sin\left(c\frac{n\pi}{l}(t - \tau) \right) \left(-\frac{2}{n\pi} \right) \frac{d^2 r}{d\tau}(\tau) d\tau \right) \sin\left(\frac{n\pi}{l} x \right)$$

$$= \frac{1}{2c} \int_0^t \left(\int_{x-c(t-\tau)}^{x+c(t-\tau)} q_{upf}(\sigma) d\sigma \right) \frac{d^2 r}{d\tau^2}(\tau) d\tau$$

$$= \frac{1}{2c} \int_0^t \left(\int_{x-c\tau}^{x+c\tau} q_{upf}(\sigma) d\sigma \right) \frac{d^2 r}{d\tau^2}(t - \tau) d\tau.$$

Schließlich bekommen wir:

$$u(x, t) = v(x, t) - q_{upf}(x) r(t).$$

Diese Formeln sind schwierig anzuwenden. Einerseits konvergieren die Fourier-reihen aufgrund der Unstetigkeiten bei $x = 0 \pm 2kl$ sehr langsam und stellen die Funktionen nur unzureichend dar. Andererseits erfordert das Integral über q_{upf} komplizierte Fallunterscheidungen. Wir wollen das Integral so weit wie möglich ausarbeiten. Wir beginnen mit dem Integral (Abb. 5.1):

$$Q(x) = \int_0^x q_{upf}(s) ds, \quad -l \le x \le l.$$

Für $0 \le x \le l$ gilt:

$$Q(x) = \int_0^x q_{upf}(s) ds = \int_0^x \frac{s - l}{l} ds = \frac{x^2}{2l} - x.$$

Für $-l \le x \le 0$ gilt:

$$Q(x) = \int_0^x q_{upf}(s) ds = \int_0^x \left(\frac{-s - l}{l} \right) ds = \frac{x^2}{2l} + x.$$

Wir bekommen unmittelbar:

$$Q_{dpf}(x) = \frac{x^2}{2l} - x, 0 \le x \le 2l.$$

Nun betrachten wir den Kern:

$$K(x,t) = Q_{dpf}(x+ct) - Q_{dpf}(x-ct)$$
$$= \int_{x-ct}^{x+ct} q_{upf}(\sigma)d\sigma = \int_0^{x+ct} q_{upf}(\sigma)\,d\sigma - \int_0^{x-ct} q_{upf}(\sigma)d\sigma.$$

Der Kern besitzt folgende Eigenschaften:

$$K(x+2l,t) = K(x,t)$$

$$K\left(x, t+\frac{2l}{c}\right) = K(x,t),$$

$$K(kl,t) = 0, K\left(x, k\frac{l}{c}\right) \quad k \in \mathbb{Z},$$

$$K(x,t) = -K(2l-x).$$

Zur Beschreibung des Kerns können wir uns deshalb auf den folgenden Bereich beschränken $0 \le x \le l, 0 \le t \le \frac{2l}{c}$, und unterteilen diesen weiter in drei Unterbereiche (Abb. 5.2):

$$I: \quad 0 \le t \le \frac{x}{c}, \quad K(x,t) = 2c\frac{x-l}{l}t$$

$$II: \quad \frac{x}{c} \le t \le -\frac{x}{c}+\frac{2l}{c}, \quad K(x,t) = 2c\left(\frac{x}{l}t - \frac{x}{c}\right),$$

$$III: \quad -\frac{x}{c}+\frac{2l}{c} \le t \le \frac{2l}{c}, \quad K(x,t) = 2c\frac{x-l}{l}\left(t - \frac{2l}{c}\right).$$

Schließlich kann die durch die Fourier-Duhamel-Methode gewonnene Lösung unter Verwendung des Kerns ausgedrückt werden.

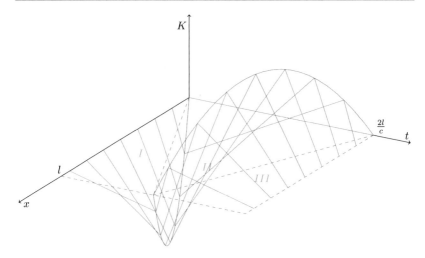

Abb. 5.2 Der Kern $K(x, t)$ an festen Orten $0 \leq x \leq l$ im zeitlichen Periodenintervall $0 \leq t \leq \frac{2l}{c}$, $K(x, \frac{x}{c}) = \frac{2}{l}x^2 - 2x$, $K(x, -\frac{x}{c} + \frac{2l}{c}) = -\frac{2}{l}x^2 + 2x$

Satz: HWG-HAWRWP, Lösung durch die Fourier-Duhamel-Methode

Wir führen folgende Funktionen ein:

$$q(x) = \frac{x - l}{l}, \ 0 \leq x \leq l,$$

$$Q(x) = \frac{x^2}{2l} + x, \ -l \leq x \leq 0, \ Q(x) = \frac{x^2}{2l} - x, \ 0 \leq x \leq l,$$

$$K(x, t) = Q_{dpf}(x + ct) - Q_{dpf}(x - ct).$$

Die Lösung des HWG-HAWRWP $(0 \leq x \leq l, t \geq 0)$:

$$\frac{\partial^2 u}{\partial t^2} = c^2 \frac{\partial^2 u}{\partial x^2}, \quad (c > 0),$$

$$u(x, 0) = 0, \quad \frac{\partial u}{\partial t}(x, 0) = 0,$$

$$u(0, t) = r(t), \quad u(l, t) = 0,$$

nimmt folgende Gestalt an:

$$u(x,t) = \frac{1}{2c} \int\limits_0^t K(x,\tau) \frac{d^2 r}{d\tau^2}(t-\tau)d\tau - q(x)r(t).$$

Wir arbeiten die Lösung aus für $0 \le x \le l$, $0 \le t \le \frac{2l}{c}$ und unterscheiden wieder drei Fälle I, II, III.

Im Bereich I gilt:

$$v(x,t) = \frac{1}{2c} \int\limits_0^t K(x,\tau) \frac{d^2 r}{d\tau^2}(t-\tau)d\tau = \frac{x-l}{l} \int\limits_0^t \tau \frac{d^2 r}{d\tau^2}(t-\tau)d\tau$$

$$= \frac{x-l}{l} \left(\left(-\tau \frac{d^2 r}{d\tau^2}(t-\tau) \right)_{\tau=0}^{\tau=t} + \int\limits_0^t \frac{dr}{d\tau}(t-\tau)d\tau \right)$$

$$= \frac{x-l}{l}(-r(t-\tau))_{\tau=0}^{\tau=t} = \frac{x-l}{l}r(t)$$

$$= q(x)r(t),$$

und damit:

$$u(x,t) = 0.$$

Im Bereich II gilt:

$$v(x,t) = \frac{1}{2c} \int\limits_0^t K(x,\tau) \frac{d^2 r}{d\tau^2}(t-\tau)d\tau$$

$$= \int\limits_0^{\frac{x}{c}} \frac{x-l}{l}\tau \frac{d^2 r}{dt^2}(t-\tau)\,d\tau + \int\limits_{\frac{x}{c}}^t \left(\frac{x}{l}\tau - \frac{x}{c} \right) \frac{d^2 r}{dt^2}(t-\tau)d\tau$$

$$= \int\limits_0^{\frac{x}{c}} \frac{x-l}{l}\tau \frac{d^2 r}{dt^2}(t-\tau)\,d\tau + \int\limits_{\frac{x}{c}}^t \left(\frac{x-l}{l}\tau + \tau - \frac{x}{c} \right) \frac{d^2 r}{dt^2}(t-\tau)d\tau$$

$$= q(x)r(t) + \int\limits_{\frac{x}{c}}^{t} \left(\tau - \frac{x}{c}\right) \frac{d^2 r}{dt^2}(t - \tau) d\tau$$

$$= q(x)r(t) + \left(\left(\tau - \frac{x}{c}\right)\left(-\frac{dr}{dt}(t - \tau)\right)\right)_{\tau=\frac{x}{c}}^{\tau=t} - \int\limits_{\frac{x}{c}}^{t} \left(-\frac{dr}{dt}(t - \tau)\right) d\tau$$

$$= q(x)r(t) - (r(t - \tau))_{\tau=\frac{x}{c}}^{\tau=t}$$

$$= q(x)r(t) + r\left(-\frac{x - ct}{c}\right),$$

und damit :

$$u(x, t) = r\left(-\frac{x - ct}{c}\right).$$

Im Bereich III gilt:

$$v(x, t) = \int\limits_{0}^{\frac{x}{c}} \frac{x - l}{l}\tau \frac{d^2 r}{dt^2}(t - \tau) d\tau + \int\limits_{\frac{x}{c}}^{\frac{2l-x}{c}} \left(\frac{x}{l}\tau - \frac{x}{c}\right) \frac{d^2 r}{dt^2}(t - \tau) d\tau$$

$$+ \int\limits_{\frac{2l-x}{c}}^{t} \left(\frac{x - l}{l}\tau - 2\frac{x - l}{c}\right) \frac{d^2 r}{dt^2}(t - \tau) d\tau$$

$$= \int\limits_{0}^{t} \frac{x - l}{l}\tau \frac{d^2 r}{dt^2}(t - \tau) d\tau + \int\limits_{\frac{x}{c}}^{t} \left(\tau - \frac{x}{c}\right) \frac{d^2 r}{dt^2}(t - \tau) d\tau$$

$$+ \int\limits_{\frac{2l-x}{c}}^{t} \left(-\tau + \frac{2l - x}{c}\right) \frac{d^2 r}{dt^2}(t - \tau) d\tau$$

$$= q(x)r(t) + r\left(-\frac{x - ct}{c}\right)$$

$$+ \left(\left(-\tau + \frac{2l - x}{c}\right)\left(-\frac{dr}{dt}(t - \tau)\right)\right)_{\tau=\frac{2l-x}{c}}^{\tau=t} - \int\limits_{\frac{2l-x}{c}}^{t} \left(\frac{dr}{dt}(t - \tau)\right) d\tau$$

$$= q(x)r(t) + r\left(-\frac{x - ct}{c}\right) - r\left(\frac{x + ct - 2l}{c}\right),$$

und damit:

$$u(x, t) = r\left(-\frac{x - ct}{c}\right) - r\left(\frac{x + ct - 2l}{c}\right).$$

Die Lösung zeigt, dass die Saite am Ort x solange in Ruhe verbleibt, bis die Zeit $t = \frac{x}{c}$ verstrichen ist. Diese Zeit wird von der Störung benötigt, um sich vom Rand bis zum Ort x mit der Geschwindigkeit c auszubreiten.

Charakteristiken

6

Die Methode von d'Alembert beruht auf Wellen, die sich längs Geraden ausbreiten.

Definition: Charakteristiken
Die Geraden
$$x + ct = const., \quad x - ct = const.,$$
heißen Charakteristiken der HWE:
$$\frac{\partial^2 u}{\partial t^2} = c^2 \frac{\partial^2 u}{\partial x^2}, \quad (c > 0).$$

Durch einen Punkt der (x, t)-Ebene gehen genau zwei Charakteristiken. Die bestimmenden Konstanten können als Koordinaten in der Ebene verwendet werden:

$$\xi = x + ct, \quad \eta = x - ct,$$

$$x = \frac{\xi + \eta}{2}, \quad t = \frac{\xi - \eta}{2c}.$$

Diese Koordinaten bezeichnet man als charakteristische Koordinaten. Transformiert man die Lösungen in charakteristische Koordinaten

$$u(x, t) = \tilde{u}(x + ct, x - ct),$$

$$\tilde{u}(\xi, \eta) = u\left(\frac{\xi + \eta}{2}, \frac{\xi - \eta}{2c}\right),$$

so erhält man die Normalform.

Satz: HWG, Normalform

Die HWG

$$\frac{\partial^2 u}{\partial t^2} = c^2 \frac{\partial^2 u}{\partial x^2}, \quad (c > 0),$$

besitzt in charakteristischen Koordinaten $\xi = x + ct, \eta = x - ct$, die Normalform:

$$\frac{\partial^2 \tilde{u}}{\partial \xi \partial \eta} = 0.$$

Dies kann einfach durch Differenzieren bestätigt werden:

$$\frac{\partial u}{\partial x}(x, t) = \frac{\partial \tilde{u}}{\partial \xi}(x + ct, x - ct) + \frac{\partial \tilde{u}}{\partial \eta}(x + ct, x - ct),$$

$$\frac{\partial u}{\partial t}(x, t) = c \frac{\partial \tilde{u}}{\partial \xi}(x + ct, x - ct) - c \frac{\partial \tilde{u}}{\partial \eta}(x + ct, x - ct),$$

$$\frac{\partial^2 u}{\partial x^2}(x, t) = \frac{\partial^2 \tilde{u}}{\partial \xi^2}(x + ct, x - ct) + 2 \frac{\partial^2 \tilde{u}}{\partial \xi \partial \eta}(x + ct, x - ct) + \frac{\partial^2 \tilde{u}}{\partial \eta^2}(x + ct, x - ct),$$

$$\frac{\partial^2 u}{\partial t^2}(x, t) = c^2 \frac{\partial^2 \tilde{u}}{\partial \xi^2}(x + ct, x - ct) - 2c^2 \frac{\partial^2 \tilde{u}}{\partial \xi \partial \eta}(x + ct, x - ct) + c^2 \frac{\partial^2 \tilde{u}}{\partial \eta^2}(x + ct, x - ct).$$

Damit bekommen wir:

$$\frac{\partial^2 u}{\partial t^2}(x, t) - c^2 \frac{\partial^2 u}{\partial x^2}(x, t) = -4c^2 \frac{\partial^2 \tilde{u}}{\partial \xi \partial \eta}(x + ct, x - ct) = 0$$

und

$$-4c^2 \frac{\partial^2 \tilde{u}}{\partial \xi \partial \eta}(\xi, \eta) = 0.$$

Als erste Folgerung ergibt sich die allgemeine Lösung.

Satz: HWG, allgemeine Lösung
Die HWG
$$\frac{\partial^2 u}{\partial t^2} = c^2 \frac{\partial^2 u}{\partial x^2}, \quad (c > 0),$$
besitzt folgende allgemeine Lösung:
$$u(x,t) = \phi(x+ct) + \psi(x-ct),$$
wobei ϕ und ψ beliebige, zweimal stetig differenzierbare Funktionen sind.

Wenn wir von der Normalform ausgehen und zweimal integrieren, dann erhalten wir in einem ersten Schritt:
$$\frac{\partial \tilde{u}}{\partial \eta}(\xi, \eta) = h(\eta)$$
und in einem zweiten Schritt:
$$\tilde{u}(\xi, \eta) = \phi(\xi) + \int h(\eta) \, d\eta.$$

Dies kann man schreiben als:
$$\tilde{u}(\xi, \eta) = \phi(\xi) + \psi(\eta)$$

mit beliebigen Funktionen $\phi(\xi)$ and $\psi(\eta)$. Einführen der Ausgangsvariablen zeigt:
$$u(x,t) = \tilde{u}(x+ct, x-ct) = \phi(x+ct) + \psi(x-ct).$$

Wir wenden uns nun dem Anfangswertproblem auf der unbeschränkten reellen Achse zu.

Satz: HWG-AWP, Lösung durch die Methode von d'Alembert

Die Lösung des HWG-AWP:

$$\frac{\partial^2 u}{\partial t^2} = c^2 \frac{\partial^2 u}{\partial x^2},$$

$$u(x, 0) = f(x), \quad \frac{\partial u}{\partial t}(x, 0) = g(x), x \in \mathbb{R},$$

wird gegeben durch die Formel von d'Alembert ($x \in \mathbb{R}, 0 \leq t$):

$$u(x, t) = \frac{1}{2}(f(x + ct) + f(x - ct)) + \frac{1}{2c} \int_{x-ct}^{x+ct} g(s)ds.$$

Wir setzen die Lösung des Anfangswertproblems an als Superposition einer vorläufigen und einer rückläufigen Welle:

$$u(x, t) = \phi(x + ct) + \psi(x - ct).$$

Die Funktionen $\phi(\xi)$ and $\psi(\eta)$ müssen nun so bestimmt werden, dass die Anfangsbedingungen erfüllt sind. Betrachten wir die Anfangsbedingungen:

$$u(x, 0) = f(x) = \phi(x) + \psi(x)$$

und

$$\frac{\partial u}{\partial t}(x, 0) = g(x) = c\frac{d\phi}{dx}(x) - c\frac{d\psi}{dx}(x).$$

Dies liefert das folgende lineare Gleichungssystem:

$$\frac{d\phi}{dx}(x) + \frac{d\psi}{dx}(x) = \frac{df}{dx}(x),$$
$$\frac{d\phi}{dx}(x) - \frac{d\psi}{dx}(x) = \frac{g(x)}{c},$$

mit der Lösung:

$$\frac{d\phi}{dx}(x) = \frac{1}{2}\left(\frac{df}{dx}(x) + \frac{g(x)}{c}\right),$$

$$\frac{d\psi}{dx}(x) = \frac{1}{2}\left(\frac{df}{dx}(x) - \frac{g(x)}{c}\right).$$

Integration ergibt:

$$\phi(x) - \phi(0) = \frac{f(x)}{2} - \frac{f(0)}{2} + \frac{1}{2c}\int_0^x g(s)ds,$$

$$\psi(x) - \psi(0) = \frac{f(x)}{2} - \frac{f(0)}{2} - \frac{1}{2c}\int_0^x g(s)ds.$$

Die Anfangsbedingung $u(0,0) = f(0)$ bedeutet

$$\phi(0) + \psi(0) = f(0).$$

Damit bekommen wir folgende Lösung des Anfangswertproblems:

$$u(x,t) = \frac{1}{2}f(x + ct) + \frac{1}{2c}\int_0^{x+ct} g(s)ds$$
$$+ \frac{1}{2}f(x - ct) - \frac{1}{2c}\int_0^{x-ct} g(s)ds,$$

und schließlich:

$$u(x,t) = \frac{1}{2}(f(x + ct) + f(x - ct)) + \frac{1}{2c}\int_{x-ct}^{x+ct} g(s)ds.$$

Die vorausgegangenen Überlegungen zeigen auch, dass die Lösung des Anfangswertproblems eindeutig ist.

Beispiel 6.1
Wir untersuchen das HWG-AWP auf der unbeschränkten reellen Achse. Die Lösung verhält sich anders als beim Randwertproblem, da die Welle nicht am Rand reflektiert werden kann. Wir betrachten das Problem:

$$\frac{\partial^2 u}{\partial t^2} = \frac{\partial^2 u}{\partial x^2}, \quad u(x,0) = f(x), \frac{\partial u}{\partial t}(x,0) = 0, x \in \mathbb{R},$$

für zwei Fälle. Im ersten Fall wählen wir eine glatte Anfangsfunktion f mit unbeschränktem Träger:

$$f(x) = e^{-\pi|x|} \sin(\pi x), \, g(x) = 0,$$

und im zweiten Fall ein f mit beschränktem Träger und Unstetigkeiten in den Ableitungen:

$$f(x) = x, 0 \leq x \leq \frac{1}{2}, f(x) = 1 - x, \frac{1}{2} \leq x \leq 1, f(x) = 0, \text{sonst}, g(x) = 0.$$

Die Lösung lautet in beiden Fällen in d'Alembertscher Form:

$$u(x, t) = \frac{1}{2}(f(x+t) + f(x-t)), \quad x \in \mathbb{R}, t \geq 0.$$

(Abb. 6.1). Man beachte, dass sich die Lösung auch bei beschränktem Träger von f völlig anders als beim Randwertproblem verhält.   △

Die Lösungsformel von D'Alembert zeigt, dass die Lösung u in einem festen Punkt (x_0, t_0) der Ebene nicht von allen Werten von f und g abhängt, sondern nur von den Werten von f und g in den Punkten des Intervalls $[x_0 - ct_0, x_0 + ct_0]$. Dieses Intervall heißt Abhängigkeitsgebiet des Punktes (x_0, t_0) (Abb. 6.2). Das Abhängigkeitsgebiet erhält man, indem man Charakteristiken durch den Punkt (x, t) zeichnet und diese mit der x-Achse schneidet. Wenn umgekehrt ein Punkt $(x_0, 0)$ auf der x-Achse gegeben ist, fragen wir, an welchen Punkten (x, t) der Ebene die Lösung $u(x, t)$ durch die Anfangswerte $f(x_0)$ und $g(x_0)$ beeinflusst wird? Aus geometrischen Gründen sind dies die Punkte des Kegels $\{(x, t) \mid x_0 - ct \leq x \leq x_0 + ct, t \geq 0\}$. Dieser Kegel heißt Einflussgebiet des Punktes $(x_0, 0)$ (Abb. 6.2). Wir bemerken, dass die angegebenen Schranken lediglich obere Abschätzungen darstellen. Tatsächlich kann die Abhängigkeit und der Einfluss in wesentlich kleineren Gebieten erfolgen.

Beispiel 6.2
Im Spezialfall der identisch verschwindenden Anfangsgeschwindigkeit haben wir folgende Lösung des HWG-AWP:

$$u(x, t) = \frac{1}{2}(f(x+ct) + f(x-ct)).$$

Abhängigkeits- und Einflussgebiet nehmen ausgeartete Formen an. Das Abhängigkeitsgebiet eines Punktes (x_0, t_0) besteht dann nur aus den beiden Punkten $(x_0 - ct_0, 0)$ und $(x_0 + ct_0, 0)$. Das Einflussgebiet des Punktes $(x_0, 0)$ besteht dann

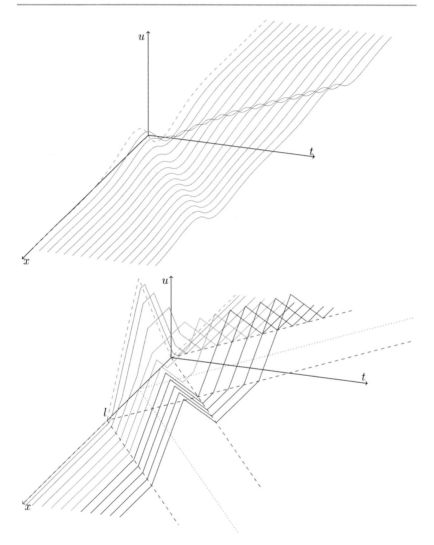

Abb. 6.1 $u(x, 0) = e^{-\pi|x|} \sin(\pi x)$, $\frac{\partial u}{\partial t}(x, 0) = 0$. Auslenkung zu festen Zeiten t (oben). $u(x, 0) = f(x), f(x) = 0, \leq x \leq \frac{1}{2}, f(x) = 1 - x, \frac{1}{2} \leq x \leq 1, f(x) = 0$, sonst, $\frac{\partial u}{\partial t}(x, 0) = 0$. Auslenkung zu festen Zeiten t (unten). Unstetigkeiten der Ableitung von f breiten sich längs Charakteristiken aus

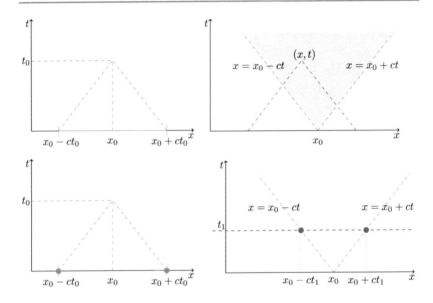

Abb. 6.2 Abhängigkeitsgebiet des Punktes (x_0, t_0): Die Lösung im Punkt (x_0, t_0) hängt nur von Werten der Anfangsfunktionen im Intervall $[x_0 - ct_0, x_0 + ct_0]$ ab (oben, links). Einflussgebiet $\{(x, t) \mid x_0 - ct \leq x \leq x_0 + ct, t \geq 0\}$ des Punktes $(x_0, 0)$ (oben, rechts). Spezialfall: $g(x) = 0$, für alle x. Abhängigkeitsgebiet des Punktes (x_0, t_0) (unten, links), Einflussgebiet des Punktes $(x_0, 0)$ (unten, rechts)

nur aus den vom Punkt ausgehenden Charakteristiken: $x + ct = x_0$, $x - ct = x_0$, $t \geq 0$ (Abb. 6.4). Betrachten wir eine feste Zeit $t_1 > 0$. Der Einfluss durch den Ort x_0 wird dann an den beiden Orten $x_1 = x_0 - ct_1$ und $x_1 = x_0 + ct_1$ erfahren. Die Orte $x_1 < x_0 - ct_1$ erfahren den Einfluss von x_0 zur Zeit $t = \frac{x_0 - x_1}{c} > t_1$. Die Orte $x_1 > x_0 + ct_1$ erfahren den Einfluss von x_0 zur Zeit $t = \frac{x_1 - x_0}{c} > t_1$. Die Orte $x_0 - ct_1 < x_1 < x_0 + ct_1$ werden von x_0 zu einer Zeit $t < t_1$ beeinflusst (Abb. 6.2).   △

Das charakteristische Parallelogramm

7

Die Wellengleichung besitzt eine weitere wichtige Eigenschaft, [3–5].

> **Satz: HWG, charakteristische Parallelogramm-Relation**
> Die zweimal stetig differenzierbare Funktion u ist dann und nur dann eine Lösung der HWG
>
> $$\frac{\partial^2 u}{\partial t^2} = c^2 \frac{\partial^2 u}{\partial x^2},$$
>
> wenn für jeden Punkt (x, t) und beliebige Parameter σ, τ gilt:
>
> $$u(x,t) - u\left(x + \sigma, t + \frac{\sigma}{c}\right) = u\left(x + \tau, t - \frac{\tau}{c}\right) - u\left(x + \sigma + \tau, t + \frac{\sigma}{c} - \frac{\tau}{c}\right).$$

Die vier Punkte in der Relation bilden die Ecken eines Parallelogramms, das von Charakteristiken $x + c\,t = const.$ und $x - c\,t = const.$ berandet wird (Abb. 7.1).

Wir führen charakteristische Koordinaten $\xi = x + ct$, $\eta = x - ct$, $u(x,t) = \tilde{u}(x + ct, x - ct)$, ein und betrachten die Normalform:

$$\frac{\partial^2 \tilde{u}}{\partial \xi \partial \eta}(\xi, \eta) = 0.$$

Jede Lösung besitzt die Gestalt:

$$\tilde{u}(\xi, \eta) = \tilde{\phi}(\xi) + \tilde{\psi}(\eta).$$

W. Strampp, *Die eindimensionale Wellengleichung*, essentials,
https://doi.org/10.1007/978-3-662-66428-5_7

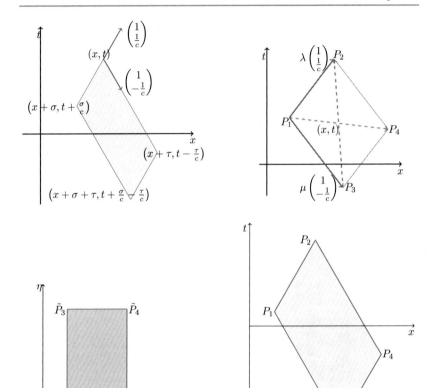

Abb. 7.1 Charakteristisches Parallelogramm mit Ecken (x,t), $\left(x+\sigma, t+\frac{\sigma}{c}\right)$, $\left(x+\tau, t-\frac{\tau}{c}\right)$, $\left(x+\sigma+\tau, t+\frac{\sigma}{c}-\frac{\tau}{c}\right)$, $(\sigma>0, \tau>0)$, und Richtungsvektoren $\begin{pmatrix}1\\\frac{1}{c}\end{pmatrix}$, $\begin{pmatrix}1\\-\frac{1}{c}\end{pmatrix}$ der Charakteristiken (oben, links). Charakteristisches Parallelogramm aufgespannt von den Vektoren $\lambda\begin{pmatrix}1\\\frac{1}{c}\end{pmatrix}$, $\mu\begin{pmatrix}1\\-\frac{1}{c}\end{pmatrix}$, $\lambda>0, \mu>0$. Der Punkt (x,t) liegt im Schnitt der Diagonalen des Parallelogramms (oben, rechts). Charakteristisches Rechteck in der (ξ,η)-Ebene (unten, links) und das entsprechende charakteristische Parallelogramm in der (x,t)-Ebene unter der Transformation $(\xi,\eta)\longrightarrow\left(\frac{\xi+\eta}{2},\frac{\xi-\eta}{2c}\right)$ (unten, rechts). Die Ecken $\tilde{P}_j$ und P_j entsprechen sich jeweils

Deshalb gilt für beliebige ξ_1, ξ_2:

$$\tilde{u}(\xi_1, \eta_1) - \tilde{u}(\xi_2, \eta_1) = \tilde{\phi}(\xi_1) - \tilde{\phi}(\xi_2)$$

und für beliebige $\xi_1, \xi_2, \eta_1, \eta_2$:

$$\tilde{u}(\xi_1, \eta_1) - \tilde{u}(\xi_2, \eta_1) = \tilde{u}(\xi_1, \eta_2) - \tilde{u}(\xi_2, \eta_2).$$

Umgekehrt führt Differenzieren dieser Beziehung auf die Normalform. Wir bekommen zunächst

$$\lim_{\xi_2 \to \xi_1} \frac{\tilde{u}(\xi_1, \eta_1) - \tilde{u}(\xi_2, \eta_1)}{\xi_1 - \xi_2} = \lim_{\xi_2 \to \xi_1} \frac{\tilde{u}(\xi_1, \eta_2) - \tilde{u}(\xi_2, \eta_2)}{\xi_1 - \xi_2}.$$

Das heißt:

$$\frac{\partial \tilde{u}}{\partial \xi}(\xi_1, \eta_1) = \frac{\partial \tilde{u}}{\partial \xi}(\xi_1, \eta_2).$$

Schließlich folgt:

$$\lim_{\eta_2 \to \eta_1} \frac{\frac{\partial \tilde{u}}{\partial \xi}(\xi_1, \eta_1) - \frac{\partial \tilde{u}}{\partial \xi}(\xi_1, \eta_2)}{\eta_1 - \eta_2} = \frac{\partial^2 \tilde{u}}{\partial \xi \partial \eta}(\xi_1, \eta_1) = 0.$$

Nun wählen wir die Ecken eines Rechtecks in der (ξ, η)-Ebene wie folgt (Abb. 7.1):

$$\tilde{P}_1 = (\xi, \eta), \ \tilde{P}_2 = (\xi + 2\sigma, \eta), \ \tilde{P}_3 = (\xi, \eta + 2\tau), \ \tilde{P}_4 = (\xi + 2\sigma, \eta + 2\tau).$$

Dann bekommen wir mit der Transformation $(\xi, \eta) \longrightarrow \left(\frac{\xi+\eta}{2}, \frac{\xi-\eta}{2c} \right)$ die Ecken eines charakteristischen Parallelogramms in der (x, t)-Ebene, nämlich (Abb. 7.1):

$$\tilde{P}_1 = (\xi, \eta) = (x + ct, x - ct)$$
$$\implies (x, t) = P_1,$$
$$\tilde{P}_2 = (\xi + 2\sigma, \eta) = (x + ct + 2\sigma, x - ct)$$
$$= \left(x + \sigma + c\left(t + \frac{\sigma}{c} \right), x + \sigma - c\left(t + \frac{\sigma}{c} \right) \right)$$
$$\implies \left(x + \sigma, t + \frac{\sigma}{c} \right) = P_2,$$
$$\tilde{P}_3 = (\xi, \eta + 2\tau) = \tilde{u}(x + ct, x - ct + 2\tau)$$
$$= \left(x + \tau + c\left(t - \frac{\tau}{c} \right), x + \tau - c\left(t - \frac{\tau}{c} \right) \right)$$
$$\implies \left(x + \tau, t - \frac{\tau}{c} \right) = P_3,$$
$$\tilde{P}_4 = (\xi + 2\sigma, \eta + 2\tau) = (x + ct + 2\sigma, x - ct + 2\tau)$$
$$= \left(x + \tau + \sigma + c\left(t - \frac{\tau}{c} + \frac{\sigma}{c} \right), x + \tau + \sigma - c\left(t - \frac{\tau}{c} + \frac{\sigma}{c} \right) \right)$$
$$\implies \left(x + \sigma + \tau, t + \frac{\sigma}{c} - \frac{\tau}{c} \right) = P_4.$$

Aus der Beziehung:

$$\tilde{u}(\tilde{P}_2) - \tilde{u}(\tilde{P}_1) = \tilde{u}(\tilde{P}_4) - \tilde{u}(\tilde{P}_3),$$

folgt dann sofort die charakteristische Parallelogramm-Relation:

$$u(P_2) - u(P_1) = u(P_4) - u(P_3).$$

Beispiel 7.1
Wir zeigen, dass jede Lösung u der Wellengleichung HWG folgende Beziehung
erfüllt:

$$u\left(x + \tau, t + \frac{\sigma}{c} \right) - u\left(x - \sigma, t - \frac{\tau}{c} \right) = \left(x + \sigma, t + \frac{\tau}{c} \right) - \left(x - \tau, t - \frac{\sigma}{c} \right),$$

mit beliebigen Parametern σ, τ.
    Vektoroperationen ergeben die Koordinaten der Ecken (Abb. 7.1):

$$P_1 : \ (x,t) - \frac{1}{2}\left(\lambda \begin{pmatrix} 1 \\ \frac{1}{c} \end{pmatrix}^{tr} + \mu \begin{pmatrix} 1 \\ -\frac{1}{c} \end{pmatrix}^{tr}\right)$$

$$= \left(x - \frac{1}{2}(\lambda + \mu), t - \frac{1}{2}\frac{(\lambda - \mu)}{c}\right),$$

$$P_4 : \ (x,t) + \frac{1}{2}\left(\lambda \begin{pmatrix} 1 \\ \frac{1}{c} \end{pmatrix}^{tr} + \mu \begin{pmatrix} 1 \\ -\frac{1}{c} \end{pmatrix}^{tr}\right)$$

$$= \left(x + \frac{1}{2}(\lambda + \mu), t + \frac{1}{2}\frac{(\lambda - \mu)}{c}\right),$$

$$P_2 : \ (x,t) + \frac{1}{2}\left(\lambda \begin{pmatrix} 1 \\ \frac{1}{c} \end{pmatrix}^{tr} - \mu \begin{pmatrix} 1 \\ -\frac{1}{c} \end{pmatrix}^{tr}\right)$$

$$= \left(x + \frac{1}{2}(\lambda - \mu), t + \frac{1}{2}\frac{(\lambda + \mu)}{c}\right),$$

$$P_3 : \ (x,t) - \frac{1}{2}\left(\lambda \begin{pmatrix} 1 \\ \frac{1}{c} \end{pmatrix}^{tr} - \mu \begin{pmatrix} 1 \\ -\frac{1}{c} \end{pmatrix}^{tr}\right)$$

$$= \left(x - \frac{1}{2}(\lambda - \mu), t - \frac{1}{2}\frac{(\lambda + \mu)}{c}\right).$$

Da λ, μ beliebig sind, können wir setzen

$$\frac{1}{2}(\lambda + \mu) = \sigma, \frac{1}{2}(\lambda - \mu) = \tau,$$

und bekommen:

$$P_1 : \ \left(x - \sigma, t - \frac{\tau}{c}\right),$$

$$P_4 : \ \left(x + \sigma, t + \frac{\tau}{c}\right),$$

$$P_2 : \ \left(x + \tau, t + \frac{\sigma}{c}\right),$$

$$P_3 : \ \left(x - \tau, t - \frac{\sigma}{c}\right).$$

Die charakterische Parallelogramm-Relation beweist schließlich die Behauptung.   △

Die Beziehung:

$$u(x,t) + u\left(x + \sigma + \tau, t + \frac{\sigma}{c} - \frac{\tau}{c}\right) = u\left(x + \sigma, t + \frac{\sigma}{c}\right) + u\left(x + \tau, t - \frac{\tau}{c}\right),$$

kann als schwache Form der Wellengleichung betrachtet werden [4]. Aufgrund dieser Beziehung erhalten wir eine algorithmische Lösungsmethode des Anfangs-randwertproblems. Wenn die Lösung in drei Ecken eines charakteristischen Paralle-logramms bekannt ist, dann kann die Lösung in der vierten Ecke berechnet werden (Abb. 7.2).

Wir zeigen nun, wie das HWG-HAWRWP:

$$\frac{\partial^2 u}{\partial t^2} = c^2 \frac{\partial^2 u}{\partial x^2}, \quad (c > 0),$$

$$u(x,0) = 0, \quad \frac{\partial u}{\partial t}(x,0) = 0,$$

$$u(0,t) = r(t), \quad u(l,t) = 0,$$

mit der Methode der charakteristischen Parallelogramme gelöst werden kann. Diese Methode geht schrittweise vor und basiert darauf, dass der Rand erst dann, wenn $t > \frac{x}{c}$ ist, die Lösung beeinflussen kann. Wir geben die ersten drei Schritte an:

$$I: \quad 0 \le t \le \frac{x}{c}, \quad u(x,t) = 0,$$

$$II: \quad \frac{x}{c} \le t \le -\frac{x}{c} + \frac{2l}{c}.$$

Ein charakteristisches Parallelogramm zeigt:

$$u(x,t) - u\left(0, -\frac{x - ct}{c}\right) = u\left(\frac{x + ct}{2}, \frac{x + ct}{2c}\right) - u\left(-\frac{x - ct}{2}, -\frac{x - ct}{2c}\right).$$

Mit I und der Randbedingung bekommen wir:

$$u(x,t) = r\left(-\frac{x - ct}{c}\right),$$

$$III: \quad -\frac{x}{c} + \frac{2l}{c} \le t \le \frac{x}{c} + \frac{2l}{c}.$$

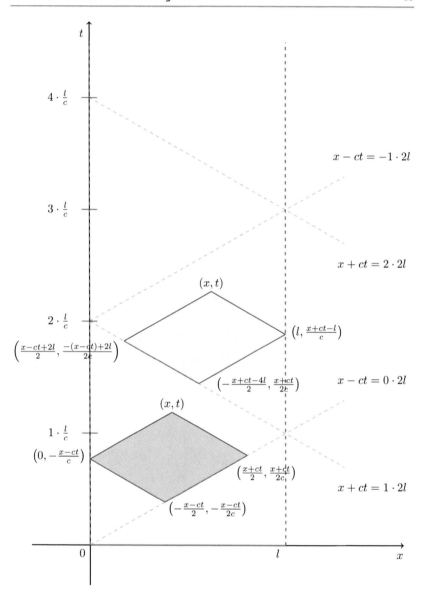

Abb. 7.2 Konstruktion der Lösung in einem Punkt (x, t) mithilfe der Lösung in zwei Punkten auf einer Charakteristik und in einem Randpunkt: charakteristische Parallelogramme

Ein charakteristisches Parallelogramm zeigt:

$$u(x,t) - u\left(\frac{x - ct + 2l}{2}, \frac{-(x - ct) + 2l}{2c}\right) = u\left(l, \frac{x + ct - l}{c}\right) - u\left(-\frac{x + ct - 4l}{2}, \frac{x + ct}{2c}\right).$$

Mit II und der Randbedingung bekommen wir:

$$u(x,t) - r\left(-\frac{1}{c}\left(\frac{x - ct + 2l}{2} - c\frac{-(x - ct) + 2l}{2c}\right)\right) = -r\left(-\frac{1}{c}\left(-\frac{x + ct - 4l}{2} - c\frac{x + ct}{2c}\right)\right),$$

$$u(x,t) = r\left(-\frac{x - ct}{c}\right) - r\left(\frac{x + ct - 2l}{c}\right).$$

Das Verfahren kann in analoger Weise fortgesetzt werden. Allgemeine Formeln stellen wir in Kap. 10 auf.

Das Prinzip von Duhamel

8

Wir betrachten die inhomogene Gleichung auf der unbeschränkten reellen Achse. Das System befindet sich im Anfangszustand in Ruhe. Eine äußere Kraft, dargestellt durch die Inhomogenität, versetzt es dann in Bewegung. Dies wird mit folgendem Problem IWG-HAWP beschrieben:

$$\frac{\partial^2 u}{\partial t^2} = c^2 \frac{\partial^2 u}{\partial x^2} + F(x, t).$$

$$u(x, 0) = 0, \frac{\partial u}{\partial t}(x, 0) = 0.$$

Wie bei der homogenen Gleichung führen wir zuerst charakteristische Koordinaten ein und transformieren:

$$u(x, t) = \tilde{u}(\xi(x, t), \eta(x, t)), F(x, t) = \tilde{F}(\xi(x, t), \eta(x, t)).$$

Nach der Transformation nimmt die Gleichung die Gestalt an:

$$\frac{\partial^2 \tilde{u}}{\partial \xi \partial \eta} = -\frac{1}{4c^2} \tilde{F}(\xi, \eta).$$

Zweifache Integration ergibt folgende partikuläre Lösung:

$$\tilde{u}_p(\xi, \eta) = -\frac{1}{4c^2} \int_0^\xi \int_0^\eta \tilde{F}(\tilde{\sigma}, \tilde{\tau}) d\tilde{\tau} d\tilde{\sigma}.$$

Rücktransformation liefert die partikuläre Lösung der Ausgangsgleichung:

© Der/die Autor(en), exklusiv lizenziert an Springer-Verlag GmbH, DE, ein Teil von
Springer Nature 2023
W. Strampp, *Die eindimensionale Wellengleichung*, essentials,
https://doi.org/10.1007/978-3-662-66428-5_8

$$u_p(x,t) = -\frac{1}{4c^2} \int\limits_0^{x+ct} \int\limits_0^{x-ct} \tilde{F}(\tilde{\sigma}, \tilde{\tau})d\tilde{\tau}d\tilde{\sigma}.$$

Die partikuläre Lösung wird im Allgemeinen die Anfangsbedingung nicht erfüllen, denn:

$$u_p(x,0) = f_p(x) = -\frac{1}{4c^2} \int\limits_0^x \int\limits_0^x \tilde{F}(\tilde{\sigma}, \tilde{\tau})d\tilde{\tau}d\tilde{\sigma}.$$

Wir bilden die Ableitung:

$$\frac{\partial u_p}{\partial t}(x,t) = -\frac{1}{4c} \int\limits_0^{x-ct} \tilde{F}(x+ct, \tilde{\tau})d\tilde{\tau} + \frac{1}{4c} \int\limits_0^{x+ct} \tilde{F}(\tilde{\sigma}, x-ct)d\tilde{\tau},$$

und bekommen für $t = 0$:

$$\frac{\partial u_p}{\partial t}(x,0) = g_p(x) = -\frac{1}{4c} \int\limits_0^x \tilde{F}(x, \tilde{\tau})d\tilde{\tau} + \frac{1}{4c} \int\limits_0^x \tilde{F}(\tilde{\sigma}, x)d\tilde{\sigma}.$$

Wir stellen nun homogene Anfangsbedingungen her, indem wir die folgende Lösung $u_h(x,t)$ des homogenen Problems (HWG-IAWP) subtrahieren:

$$\frac{\partial^2 u_h}{\partial t^2} = c^2 \frac{\partial^2 u_h}{\partial x^2}, u_h(x,0) = f_p(x), \frac{\partial u_h}{\partial t}(x,0) = g_p(x).$$

Die Methode von d'Alembert liefert diese Lösung:

$$u_h(x,t) = \frac{1}{2}(f_p(x+ct) + f_p(x-ct)) + \frac{1}{2c} \int\limits_{x-ct}^{x+ct} g_p(s)ds.$$

Nun berechnen wir die Differenz $u(x,t) = u_p(x,t) - u_h(x,t)$ (Abb. 8.1):

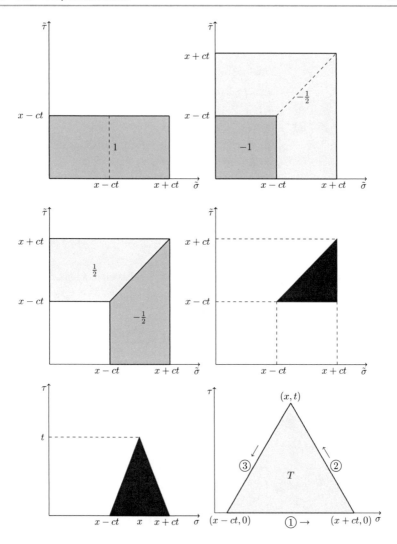

Abb. 8.1 Integrationsgebiet in $\tilde{\sigma} - \tilde{\tau}$-Koordinaten: Integrationsgebiete mit ihren Gewichten. Gebiet des ersten Integrals (oben, links), Gebiete des zweiten und dritten Integrals (oben, rechts), Gebiete des dritten und vierten Integrals (Mitte, links), Gebiet der Summe der Integrale (Mitte, rechts). Integrationsgebiet in $\sigma - \tau$-Koordinaten: Charakteristisches Dreieck T (unten, links). Charakteristisches Dreieck T mit Rand ∂T aufgeteilt in drei Teile: 1) $\xi \longrightarrow (\xi, 0), \xi \in [x-ct, x+ct]$, 2) $\xi \longrightarrow (x+ct, 0) + \xi(-ct, t), \xi \in [0, 1]$, 3) $\xi \longrightarrow (x, t) + \xi(-ct, -t), \xi \in [0, 1]$, (unten, rechts)

$$-4c^2 u(x,t) = \int\limits_0^{x+ct} \int\limits_0^{x-ct} \tilde{F}(\tilde{\sigma}, \tilde{\tau}) d\tilde{\tau} d\tilde{\sigma}$$

$$-\frac{1}{2} \int\limits_0^{x+ct} \int\limits_0^{x+ct} \tilde{F}(\tilde{\sigma}, \tilde{\tau}) d\tilde{\tau} d\tilde{\sigma} - \frac{1}{2} \int\limits_0^{x-ct} \int\limits_0^{x-ct} \tilde{F}(\tilde{\sigma}, \tilde{\tau}) d\tilde{\tau} d\tilde{\sigma}$$

$$-\frac{1}{2} \int\limits_{x-ct}^{x+ct} \int\limits_0^{s} \tilde{F}(s, \tilde{\tau}) d\tilde{\tau} ds + \frac{1}{2} \int\limits_{x-ct}^{x+ct} \int\limits_0^{s} \tilde{F}(\tilde{\sigma}, s) d\tilde{\sigma} ds.$$

Aus (Abb. 8.1) entnimmt man:

$$u(x,t) = \frac{1}{4c^2} \iint\limits_{\tilde{T}} \tilde{F}(\tilde{\sigma}, \tilde{\tau}) d\tilde{\sigma} d\tilde{\tau}.$$

Wir transformieren in ein Integral über F in der $\sigma - \tau$-Ebene und benutzen:

$$\tilde{\sigma} = \sigma + \tau, \tilde{\tau} = \sigma - \tau.$$

Die Transformation bildet das charakteristische Dreieck T in das Dreieck $\tilde{T}$ ab, denn (Abb. 8.1):

$$(\sigma, \tau) = (x - ct, 0) \longrightarrow (\tilde{\sigma}, \tilde{\tau}) = (x - ct, x - ct),$$

$$(\sigma, \tau) = (x + ct, 0) \longrightarrow (\tilde{\sigma}, \tilde{\tau}) = (x + ct, x + ct),$$

$$(\sigma, \tau) = (x, t) \longrightarrow (\tilde{\sigma}, \tilde{\tau}) = (x + ct, x - ct).$$

Mit

$$\frac{d(\tilde{\sigma}, \tilde{\tau})}{d(\sigma, \tau)} = \begin{pmatrix} 1 & c \\ 1 & -c \end{pmatrix}, \left| \det \frac{d(\tilde{\sigma}, \tilde{\tau})}{d(\sigma, \tau)} \right| = |-2c| = 2c$$

ergibt sich schließlich:

$$u(x,t) = \frac{1}{4c^2} \iint\limits_{T} \tilde{F}(\tilde{\sigma}(\sigma, \tau), \tilde{\tau}(\sigma, \tau)) 2c \, d\sigma d\tau = \frac{1}{2c} \iint\limits_{T} F(\sigma, \tau) d\sigma d\tau.$$

Wir fassen zusammen.

Satz: IWG-HAWP, Lösung durch das Prinzip von Duhamel
Die Lösung des IWG-HAWP:

$$\frac{\partial^2 u}{\partial t^2} = c^2 \frac{\partial^2 u}{\partial x^2} + F(x, t).$$

$$u(x, 0) = 0, \quad \frac{\partial u}{\partial t}(x, 0) = 0, x \in \mathbb{R},$$

wird gegeben durch das Prinzip von Duhamel ($x \in \mathbb{R}, t \geq 0$):

$$u(x, t) = \frac{1}{2c} \left(\int_0^t \int_{x-c(t-\tau)}^{x+c(t-\tau)} F(\sigma, \tau) d\sigma \right) d\tau.$$

Diese Formel wird meistens physikalisch motiviert. Wir betrachten zuerst ein Hilfs-problem, nämlich das HWG-AWP:

$$\frac{\partial^2 w}{\partial t^2} = c^2 \frac{\partial^2 w}{\partial x^2}, \quad (c > 0),$$

$$w(x, 0, \tau) = 0, \quad \frac{\partial w}{\partial t}(x, 0, \tau) = F(x, \tau).$$

Die Methode von d'Alembert ergibt die Lösung:

$$w(x, t, \tau) = \frac{1}{2c} \int_{x-ct}^{x+ct} F(\sigma, \tau) d\sigma.$$

Dann nehmen wir das Faltungsintegral über den Parameter τ:

$$u(x, t) = \int_0^t w(x, t - \tau, \tau) d\tau.$$

Beispiel 8.1
Wir zeigen direkt durch Bilden der Ableitungen, dass die Formel von Duhamel

$$u(x,t) = \frac{1}{2c} \int\limits_{0}^{t} \int\limits_{x-c(t-\tau)}^{x+c(t-\tau)} F(\sigma,\tau)\,d\sigma\,d\tau$$

das IWG-HAWP löst. Offenbar gilt $u(x,0) = 0$. Differenzieren ergibt:

$$\frac{\partial u}{\partial t}(x,t) = \frac{1}{2c} \int\limits_{x}^{x} F(\sigma,t)\,d\sigma$$

$$+ \frac{1}{2} \int\limits_{0}^{t} F(x+c(t-\tau),\tau)\,d\tau + \frac{1}{2} \int\limits_{0}^{t} F(x-c(t-\tau),\tau)\,d\tau$$

$$= \frac{1}{2} \int\limits_{0}^{t} F(x+c(t-\tau),\tau)\,d\tau + \frac{1}{2} \int\limits_{0}^{t} F(x-c(t-\tau),\tau)\,d\tau.$$

Auch hier gilt offenbar $\frac{\partial u}{\partial t}(x,0) = 0$. Wir bilden die weiteren Ableitungen:

$$\frac{\partial^2 u}{\partial t^2}(x,t) = F(x,t) + \frac{c}{2} \int\limits_{0}^{t} \frac{\partial F}{\partial x}(x+c(t-\tau),\tau)\,d\tau - \frac{c}{2} \int\limits_{0}^{t} \frac{\partial F}{\partial x}(x-c(t-\tau),\tau)\,d\tau,$$

$$\frac{\partial u}{\partial x}(x,t) = \frac{1}{2c} \int\limits_{0}^{t} F(x+c(t-\tau),\tau)\,d\tau - \frac{1}{2c} \int\limits_{0}^{t} F(x-c(t-\tau),\tau)\,d\tau,$$

$$\frac{\partial^2 u}{\partial x^2}(x,t) = \frac{1}{2c} \int\limits_{0}^{t} \frac{\partial F}{\partial x}(x+c(t-\tau),\tau)\,d\tau - \frac{1}{2c} \int\limits_{0}^{t} \frac{\partial F}{\partial x}(x-c(t-\tau),\tau)\,d\tau.$$

Hieraus kann man sofort entnehmen, dass gilt $\frac{\partial^2 u}{\partial t^2}(x,t) - c^2 \frac{\partial^2 u}{\partial x^2}(x,t) = F(x,t)$. $\triangle$

Die Eindeutigkeit stellt der folgende Satz fest.

Satz: IWG-AWP, Eindeutigkeit der Lösung

Wenn die zweimal stetig differenzierbare Funktion u das IWG-AWP löst:

$$\frac{\partial^2 u}{\partial t^2} = c^2 \frac{\partial^2 u}{\partial x^2} + F(x,t).$$

$$u(x,0) = f(x), \frac{\partial u}{\partial t}(x,0) = g(x), x \in \mathbb{R},$$

dann nimmt u folgende Gestalt an ($x \in \mathbb{R}, t \geq 0$):

$$u(x,t) = \frac{1}{2}(f(x+ct)+f(x-ct)) + \frac{1}{2c}\int\limits_{x-ct}^{x+ct} g(s)ds + \frac{1}{2c}\iint\limits_{T} F(\sigma,\tau)d\sigma d\tau,$$

mit $T = \{(\sigma,\tau) \,|\, 0 \leq \tau \leq t, x - c(t-\tau) \leq \sigma \leq x + c(t-\tau)\}$.

Die Beweisidee besteht darin, den Satz von Green mit dem Vektorfeld $\left(\frac{\partial u}{\partial t}, c^2 \frac{\partial u}{\partial x}\right)$ auf dem charakteristischen Dreieck T zu verwenden (Abb. 8.1):

$$\iint\limits_{T} F(\sigma,\tau)d\sigma d\tau = \iint\limits_{T} \left(\frac{\partial^2 u}{\partial t^2}(\sigma,\tau) - c^2\frac{\partial^2 u}{\partial x^2}(\sigma,\tau)\right) d\sigma d\tau$$

$$= -\int\limits_{\partial T} \left(\frac{\partial u}{\partial t}(x,t), c^2\frac{\partial u}{\partial x}(x,t)\right) ds.$$

Beim Kurvenintegral wird die Randkurve ∂T von T im entgegengesetzten Uhrzeigersinn durchlaufen (Abb. 8.1). Das Kurvenintegral ergibt:

$$\int\limits_{\partial T} \left(\frac{\partial u}{\partial t}(x,t), c^2\frac{\partial u}{\partial x}(x,t)\right) ds$$

$$= \int\limits_{x-ct}^{x+ct} \left(\frac{\partial u}{\partial t}(\xi,0), c^2\frac{\partial u}{\partial x}(\xi,0)\right) \binom{1}{0} d\xi$$

$$+ \int_0^1 \left(\frac{\partial u}{\partial t}(x + ct - \xi ct, \xi t), c^2 \frac{\partial u}{\partial x}(x + ct - \xi ct, \xi t) \right) \begin{pmatrix} -ct \\ t \end{pmatrix} d\xi$$

$$+ \int_0^1 \left(\frac{\partial u}{\partial t}(x - \xi ct, t - \xi t), c^2 \frac{\partial u}{\partial x}(x - \xi ct, t - \xi t) \right) \begin{pmatrix} -ct \\ -t \end{pmatrix} d\xi$$

$$= \int_{x-ct}^{x+ct} \left(\frac{\partial u}{\partial t}(\xi, 0), c^2 \frac{\partial u}{\partial x}(\xi, 0) \right) \begin{pmatrix} 1 \\ 0 \end{pmatrix} d\xi$$

$$+ \int_0^1 \left(-c\frac{\partial u}{\partial x}(x + ct - \xi ct, \xi t), -c\frac{\partial u}{\partial t}(x + ct - \xi ct, \xi t) \right) \begin{pmatrix} -ct \\ t \end{pmatrix} d\xi$$

$$+ \int_0^1 \left(c\frac{\partial u}{\partial x}(x - \xi ct, t - \xi t), c\frac{\partial u}{\partial t}(x - \xi ct, t - \xi t) \right) \begin{pmatrix} -ct \\ -t \end{pmatrix} d\xi$$

$$= \int_{x-ct}^{x+ct} g(s)ds - c\int_0^1 \frac{d}{d\xi}u(x + ct - \xi ct, \xi t)d\xi + c\int_0^1 \frac{d}{d\xi}u(x - \xi ct, t - \xi t)d\xi$$

$$= \int_{x-ct}^{x+ct} g(s)ds - c(u(x, t) - f(x + ct)) + c(f(x - ct) - u(x, t))$$

$$= -2cu(x, t) + cf(x + ct) + cf(x - ct) + \int_{x-ct}^{x+ct} g(s)ds.$$

Damit ist die Behauptung bewiesen.

Differenzengleichungen

9

In einem ersten Schritt zur Lösung des Anfangsrandwertproblems konzentrieren wir uns nur auf die Randwerte.

Definition: HWG-RWP

Das Randwertproblem für die homogene Gleichung lautet:

$$\frac{\partial^2 u}{\partial t^2} = c^2 \frac{\partial^2 u}{\partial x^2}, \quad (c > 0),$$

$$u(0, t) = r(t), u(l, t) = 0.$$

Wir gehen von der allgemeinen Lösung der HWG aus:

$$u(x, t) = \phi(x + c\,t) + \psi(x - c\,t).$$

Wenn die Funktionen ϕ and ψ zweimal stetig differenzierbar sind, stellt u eine klassische Lösung dar. Andernfalls haben wir eine schwache Lösung im Sinn der charakteristischen Parallelogramm-Relation. Die Randbedingung führt auf die Forderungen:

$$u(0, t) = \phi(c\,t) + \psi(-c\,t) = r(t),$$

$$u(l, t) = \phi(l + c\,t) + \psi(l - c\,t) = 0,$$

bzw.

© Der/die Autor(en), exklusiv lizenziert an Springer-Verlag GmbH, DE, ein Teil von
Springer Nature 2023
W. Strampp, *Die eindimensionale Wellengleichung*, essentials,
https://doi.org/10.1007/978-3-662-66428-5_9

$$\phi(\xi) + \psi(-\xi) = r\left(\frac{\xi}{c}\right),$$

$$\phi(\xi + 2l) + \psi(-\xi) = 0.$$

Die Funktion ψ kann eliminiert werden:

$$\psi(-\xi) = -\phi(\xi) + r\left(\frac{\xi}{c}\right),$$

$$\psi(\xi) = -\phi(-\xi) + r\left(-\frac{\xi}{c}\right).$$

Die Funktion ϕ muss die folgende inhomogene Differenzengleichung erfüllen.

Definition: ADG
Die zum HWG-RWP

$$\frac{\partial^2 u}{\partial t^2} = c^2 \frac{\partial^2 u}{\partial x^2}, \quad (c > 0),$$
$$u(0, t) = r(t), u(l, t) = 0.$$

assoziierte Differenzengleichung ADG lautet:

$$\phi(\xi + 2l) - \phi(\xi) = -r\left(\frac{\xi}{c}\right).$$

Bei der Lösung der inhomogenen Differenzengleichung ADG:

$$\phi(\xi + 2l) - \phi(\xi) = -r\left(\frac{\xi}{c}\right)$$

geht man analog zur Lösung einer inhomogenen Differentialgleichung erster Ordnung vor. Wir bekommen die allgemeine Lösung, indem wir die allgemeine Lösung der homogenen Gleichung $\phi(\xi + 2l) - \phi(\xi) = 0$ nehmen und eine partikuläre Lösung der inhomogenen Lösung addieren. Die allgemeine Lösung der homogenen Differenzengleichung ist nichts anderes als eine $2l$-periodische Funktion. Die ADG kann rekursiv gelöst werden. Im Intervall $[0, 2l]$ können die Werte von ϕ beliebig gewählt werden. Das entspricht der Tatsache, dass man immer eine $2l$-periodische

Funktion addieren kann [10]. Wir wählen $\phi(\xi) = 0$, $\xi \in [0, 2l)$, im Hinblick auf das Randwertproblem. Wir schreiben die ADG als

$$\phi(\xi) = \phi(\xi - 2l) - r\left(\frac{\xi - 2l}{c}\right)$$

und bekommen auf der positiven Achse:

$$\phi(\xi) = 0, \quad 0 \leq \xi < 2l,$$

$$\phi(\xi) = -r\left(\frac{\xi - 2l}{c}\right), \quad 2l \leq \xi < 4l,$$

$$\phi(\xi) = -r\left(\frac{\xi - 2l}{c}\right) - r\left(\frac{\xi - 4l}{c}\right), \quad 4l \leq \xi < 6l,$$

$$\phi(\xi) = -r\left(\frac{\xi - 2l}{c}\right) - r\left(\frac{\xi - 4l}{c}\right) - r\left(\frac{\xi - 6l}{c}\right), \quad 6l \leq \xi < 8l,$$

$$\vdots$$

Analog schreiben wir die ADG

$$\phi(\xi) = \phi(\xi + 2l) + r\left(\frac{\xi}{c}\right)$$

und bekommen auf der negativen Achse:

$$\phi(\xi) = r\left(\frac{\xi}{c}\right), \quad -2l \leq \xi < 0,$$

$$\phi(\xi) = r\left(\frac{\xi}{c}\right) + r\left(\frac{\xi + 2l}{c}\right), \quad -4l \leq \xi < -2l,$$

$$\phi(\xi) = r\left(\frac{\xi}{c}\right) + r\left(\frac{\xi + 2l}{c}\right) + r\left(\frac{\xi + 4l}{c}\right), \quad -6l \leq \xi < -4l,$$

$$\vdots$$

Insgesamt ergibt sich folgende Lösung der ADG.

Satz: ADG, rekursive Lösung

Die ADG

$$\phi(\xi + 2l) - \phi(\xi) = -r\left(\frac{\xi}{c}\right), \phi(\xi) = 0, \xi \in [0, 2l),$$

besitzt die eindeutige Lösung:

$$\phi(\xi) = -\sum_{k=1}^{n-1} r\left(\frac{\xi - k2l}{c}\right), (n-1)2l \leq \xi < n2l, n \geq 2,$$

$$\phi(\xi) = 0, 0 \leq \xi < 2l,$$

$$\phi(\xi) = \sum_{k=0}^{n-1} r\left(\frac{\xi + k2l}{c}\right), -n2l \leq \xi < -(n-1)2l, n \geq 1.$$

Wenn wir eine beliebige Anfangsfunktion $\phi_0(\xi)$, $0 \leq \xi < 2l$, anstelle von $\phi_0(\xi) = 0$, vorschreiben, dann lautet die Lösung:

$$\phi(\xi) = \phi_0(\xi - (n-1)\,2l) - \sum_{k=1}^{n-1} r\left(\frac{\xi - k\,2l}{c}\right), (n-1)\,2l \leq \xi < n\,2l, n \geq 2,$$

$$\phi(\xi) = \phi_0(\xi), 0 \leq \xi < 2l,$$

$$\phi(\xi) = \phi_0(\xi + n\,2l) + \sum_{k=0}^{n-1} r\left(\frac{\xi + k\,2l}{c}\right), -n\,2l \leq \xi < -(n-1)\,2l, n \geq 1.$$

Es gibt eine weitere Parallele zu den gewöhnlichen Differentialgleichungen. Die Gestalt der rechten Seite liefert oft Hinweise auf erfolgreiche Ansätze für eine geschlossene Lösung $\phi(\xi)$ der ADG. Durch Addition einer geeigneten $2l$-periodischen Funktion können wir dann die Anfangsbedingung $\phi(\xi) = 0$, $\xi \in [0, 2l)$ erfüllen. Eine analytische Lösung der ADG bekommt man sofort mit der Summationsmethode:

$$\phi(\xi) = \sum_{k=0}^{\infty} r\left(\frac{\xi + 2lk}{c}\right),$$

vorausgesetzt dass die Summe gleichmäßig konvergiert. Wenn dies gesichert ist, erkennt man leicht, dass die Reihe eine Lösung darstellt:

$$\phi(\xi + 2l) - \phi(\xi) = \sum_{k=0}^{\infty} r\left(\frac{\xi + 2l(k+1)}{c}\right) - \sum_{k=0}^{\infty} r\left(\frac{\xi + 2lk}{c}\right)$$

$$= \sum_{k=1}^{\infty} r\left(\frac{\xi + 2lk}{c}\right) - \sum_{k=0}^{\infty} r\left(\frac{\xi + 2lk}{c}\right)$$

$$= -r\left(\frac{\xi}{c}\right).$$

Tatsächlich ist die Konvergenz bei der Summationsmethode das entscheidende Problem. In den meisten Fällen wird die Reihe $\sum_{k=0}^{\infty} r\left(\frac{\xi + 2lk}{c}\right)$ nicht konvergieren. Wir versuchen Konvergenz zu erzeugen, indem wir zur folgenden Reihe übergehen:

$$\phi_a(\xi) = \sum_{k=0}^{\infty} r\left(\frac{\xi + 2lk}{c}\right) a^{k+1}, a > 1.$$

Diese Reihe löst die neue Differenzengleichung:

$$\phi_a(\xi + 2l) - \frac{1}{a}\phi_a(\xi) = \sum_{k=0}^{\infty} r\left(\frac{\xi + 2l(k+1)}{c}\right) a^{k+1} - \frac{1}{a} \sum_{k=0}^{\infty} r\left(\frac{\xi + 2lk}{c}\right) a^{k+1}$$

$$= \sum_{k=1}^{\infty} r\left(\frac{\xi + 2lk}{c}\right) a^k - \sum_{k=0}^{\infty} r\left(\frac{\xi + 2lk}{c}\right) a^k$$

$$= -r\left(\frac{\xi}{c}\right).$$

Die nächste Idee ist, den Grenzwert $a \to 1$ zu bilden, um eine Lösung der Ausgangsgleichung ADG zu bekommen. Sollte auch der Grenzwert $a \to 1$ nicht existieren, addieren wir eine Lösung der homogenen Gleichung der Form $C\left(\frac{1}{a}\right)^{\frac{\xi}{2l}}$: $\phi_a(\xi + 2l) - \frac{1}{a}\phi_a(\xi) = 0$, sodass die Konvergenz wenigstens für $\xi = 0$ garantiert wird:

$$\phi_{a,0}(\xi) = \sum_{k=0}^{\infty} r\left(\frac{\xi + 2lk}{c}\right) a^{k+1} - \left(\sum_{k=0}^{\infty} r\left(\frac{2lk}{c}\right) a^{k+1}\right) \left(\frac{1}{a}\right)^{\frac{\xi}{2l}}.$$

Offenbar gilt $\phi_{a,0}(0) = 0$ für $a > 1$ und damit $\lim_{a \to 1} \phi_{a,0}(0) = 0$.

Beispiel 9.1

$r(t) = te^{-t}$. Die ADG lautet:

$$\phi(\xi + 2l) - \phi(\xi) = -e^{\frac{\xi}{c}}.$$

Wir greifen die Gestalt der rechten Seite auf und machen folgenden Ansatz:

$$\phi(\xi) = (A\xi + B)e^{-\frac{\xi}{c}}.$$

Einsetzen liefert:

$$\left((A(\xi + 2l) + B)e^{-\frac{2l}{c}} - (A\xi + B)\right)e^{-\frac{\xi}{c}}$$

$$= \left(\left(e^{-\frac{2l}{c}} - 1\right)A\xi + e^{-\frac{2l}{c}}(2lA + B) - B\right)e^{-\frac{\xi}{c}}$$

$$= -\frac{\xi}{c}e^{-\frac{\xi}{c}}.$$

Hieraus erhält man die Koeffizienten:

$$A = \frac{1}{c\left(1 - e^{-\frac{2l}{c}}\right)}, \quad B = \frac{2l}{c\left(1 - e^{-\frac{2l}{c}}\right)^2}$$

und die Lösung (Abb. 9.1):

$$\phi(\xi) = \left(\frac{\xi}{c\left(1 - e^{-\frac{2l}{c}}\right)} + \frac{2l}{c\left(1 - e^{-\frac{2l}{c}}\right)^2}\right)e^{-\frac{\xi}{c}}.$$

Wir demonstrieren auch noch die Summationsmethode. Die Reihe $\sum_{k=0}^{\infty} r\left(\frac{\xi+2lk}{c}\right)$ konvergiert gegen die Lösung der Ansatzmethode $\phi(\xi)$:

$$\sum_{k=0}^{\infty} \frac{\xi + 2lk}{c}e^{-\frac{\xi+2lk}{c}} = \frac{\xi}{c}e^{-\frac{\xi}{c}}\sum_{k=0}^{\infty}c\left(e^{-\frac{2lk}{c}}\right)^k + \frac{2l}{c}e^{-\frac{\xi}{c}}\sum_{k=0}^{\infty}c\left(e^{-\frac{2lk}{c}}\right)^k$$

$$= \left(\frac{\xi}{c\left(1 - e^{-\frac{2l}{c}}\right)} + \frac{2l}{c\left(1 - e^{-\frac{2l}{c}}\right)^2}\right)e^{-\frac{\xi}{c}}.$$

Beispiel 9.2

$r(t) = \sin(t)$. Die ADG lautet:

$$\phi(\xi + 2l) - \phi(\xi) = -\sin\left(\frac{\xi}{c}\right).$$

Die rechte Seite legt einen trigonometrischen Ansatz nahe:

$$\phi(\xi) = A\sin\left(\frac{\xi}{c}\right) + B\cos\left(\frac{\xi}{c}\right).$$

Einsetzen ergibt:

$$\left(A\cos\left(\frac{2l}{c}\right) - B\sin\left(\frac{2l}{c}\right) - A\right)\sin\left(\frac{\xi}{c}\right)$$
$$+ \left(A\sin\left(\frac{2l}{c}\right) + B\cos\left(\frac{2l}{c}\right) - B\right)\cos\left(\frac{\xi}{c}\right) = -\sin\left(\frac{\xi}{c}\right).$$

Hieraus bekommen wir die Koeffizienten:

$$A = \frac{1}{2}, \quad B = \frac{1}{2}\frac{\cos\left(\frac{2l}{c}\right)}{\sin\left(\frac{2l}{c}\right)}$$

und die Lösung (Abb. 9.1):

$$\phi(\xi) = \frac{1}{2}\sin\left(\frac{\xi}{c}\right) + \frac{1}{2}\frac{\cos\left(\frac{2l}{c}\right)}{\sin\left(\frac{2l}{c}\right)}\cos\left(\frac{\xi}{c}\right).$$

Wir demonstrieren wieder die Summationsmethode. Offenbar ist die Reihe $\sum_{k=0}^{\infty}\sin\left(\frac{\xi+2lk}{c}\right)$ divergent. Also gehen wir über zu der Gleichung $\phi(\xi + 2l) - \frac{1}{a}\phi(\xi) = -\frac{\xi}{c}$ mit der Lösung:

$$\phi_a(\xi) = \sum_{k=0}^{\infty} \sin\left(\frac{\xi + 2lk}{c}\right) a^{k+1}$$

$$= \frac{1}{2i} \sum_{k=0}^{\infty} e^{\frac{\xi+2lk}{c}i} a^{k+1} - \frac{1}{2i} \sum_{k=0}^{\infty} e^{-\frac{\xi+2lk}{c}i} a^{k+1}$$

$$= \frac{ae^{\frac{\xi}{c}i}}{2i} \sum_{k=0}^{\infty} \left(ae^{\frac{2l}{c}i}\right)^k - \frac{ae^{-\frac{\xi}{c}i}}{2i} \sum_{k=0}^{\infty} \left(ae^{-\frac{\xi+2lk}{c}i}\right)^k$$

$$= \frac{ae^{\frac{\xi}{c}i}}{2i} \frac{1}{1 - ae^{\frac{2l}{c}i}} - \frac{ae^{-\frac{\xi}{c}i}}{2i} \frac{1}{1 - ae^{-\frac{2l}{c}i}}.$$

Der Grenzwert ergibt sich sofort:

$$\lim_{a \to 1} \phi_a(\xi) = \frac{e^{\frac{\xi}{c}i}}{2i} \frac{1}{1 - e^{\frac{2l}{c}i}} - \frac{e^{-\frac{\xi}{c}i}}{2i} \frac{1}{1 - e^{-\frac{2l}{c}i}}$$

$$= \frac{1}{2} \sin\left(\frac{\xi}{c}\right) + \frac{1}{2} \frac{\cos\left(\frac{2l}{c}\right)}{\sin\left(\frac{2l}{c}\right)} \cos\left(\frac{\xi}{c}\right).$$

•

Beispiel 9.3

$r(t) = t$. Die ADG lautet:

$$\phi(\xi + 2l) - \phi(\xi) = -\frac{\xi}{c}.$$

Wir erhalten eine Lösung durch Rekursion:

$$\vdots$$

$$\phi(\xi) = r\left(\frac{\xi}{c}\right) + r\left(\frac{\xi + 2l}{c}\right) + r\left(\frac{\xi + 4l}{c}\right) = \frac{3\xi + 6l}{c}, \; -6l \leq \xi < -4l,$$

$$\phi(\xi) = r\left(\frac{\xi}{c}\right) + r\left(\frac{\xi + 2l}{c}\right) = \frac{2\xi + 2l}{c}, \; -4l \leq \xi < -2l,$$

$$\phi(\xi) = r\left(\frac{\xi}{c}\right) = \frac{\xi}{c}, \; -2l \leq \xi < 0,$$

$$\phi(\xi) = 0, \; 0 \leq \xi < 2l,$$

$$\phi(\xi) = -r\left(\frac{\xi - 2l}{c}\right) = -\frac{\xi - 2l}{c}, \; 2l \leq \xi < 4l,$$

$$\phi(\xi) = -r\left(\frac{\xi - 2l}{c}\right) - r\left(\frac{\xi - 4l}{c}\right) = -\frac{2\xi - 6l}{c}, \, 4l \leq \xi < 6l,$$

$$\phi(\xi) = -r\left(\frac{\xi - 2l}{c}\right) - r\left(\frac{\xi - 4l}{c}\right) - r\left(\frac{\xi - 6l}{c}\right) = -\frac{3\xi - 12l}{c}, \, 6l \leq \xi < 8l,$$

$$\vdots$$

Entsprechend der Gestalt der rechten Seite versuchen wir eine Polynomlösung zu finden:

$$\phi_p(\xi) = b_2\xi^2 + b_1\xi.$$

Ein konstanter Term wird unterdrückt, da stets eine $2l$-periodische Funktion addiert werden kann. Wir setzen den Ansatz ein:

$$\left(4lb_2 + \frac{1}{c}\right)\xi + 2lb_1 + 4l^2b_2 = 0.$$

Daraus folgt: $b_2 = -\frac{1}{4lc}$, $b_1 = \frac{1}{2c}$ und

$$\phi_p(\xi) = -\frac{\xi^2}{4cl} + \frac{\xi}{2c}.$$

Wir zeigen erneut, wie die Summationsmethode arbeitet. Offenbar ist die Reihe $\sum_{k=0}^{\infty} \frac{\xi+2lk}{c}$ divergent, und wir gehen zur neuen Gleichung über $\phi(\xi + 2l) - \frac{1}{a}\phi(\xi) = -\frac{\xi}{c}$. Obwohl die Reihen $\sum_{k=0}^{\infty} \frac{\xi+2lk}{c}a^{k+1}$ konvergieren, existiert kein Grenzwert bei $a \to 1$. Wir versuchen es mit der Lösung:

$$\phi_a(\xi) = \sum_{k=0}^{\infty} \frac{\xi + 2lk}{c}a^{k+1} - \left(\sum_{k=0}^{\infty} \frac{2lk}{c}a^{k+1}\right)\left(\frac{1}{a}\right)^{\frac{\xi}{2l}}.$$

Ausarbeiten der Summationen ergibt:

$$\phi_a(\xi) = \frac{\xi}{c}\frac{a}{1-a} + \frac{2l}{c}\frac{a^2}{(1-a)^2} - \frac{2l}{c}\frac{a^2}{(1-a)^2}\left(\frac{1}{a}\right)^{\frac{\xi}{2l}}.$$

Die Regel von de l'Hospital liefert den Grenzwert:

$$\lim_{a \to 1} \phi_a(\xi) = -\frac{\xi^2}{4cl} + \frac{\xi}{2c}.$$

Wir vergleichen die Lösungen der ADG (Abb. 9.1). Die rekursive Lösung zeichnet sich durch die Anfangsbedingung $\phi(\xi) = 0$, $\xi \in [0, 2l)$, aus. Wir betrachten folgende Lösung $\phi_h(\xi)$ der homogenen Gleichung $\phi(\xi + 2l) - \phi(\xi) = 0$:

$$\vdots$$

$$\phi_h(\xi) = -\phi_p(\xi + 6l), -6l \le \xi < -4l,$$

$$\phi_h(\xi) = -\phi_p(\xi + 4l), -4l \le \xi < -2l,$$

$$\phi_h(\xi) = -\phi_p(\xi + 2l), -2l \le \xi < 0,$$

$$\phi_h(\xi) = -\phi_p(\xi), 0 \le \xi < 2l,$$

$$\phi_h(\xi) = -\phi_p(\xi - 2l), 2l \le \xi < 4l,$$

$$\phi_h(\xi) = -\phi_p(\xi - 4l), 4l \le \xi < 6l,$$

$$\phi_h(\xi) = -\phi_p(\xi - 6l), 6l \le \xi < 8l,$$

$$\vdots$$

Offenbar erfüllt $\phi(\xi) - \phi_p(\xi)$ die homogene Gleichung and $\phi(\xi) - \phi_p(\xi) = -\phi_p(\xi)$, $0 \le \xi < 2l$. Also gilt $\phi_h(\xi) = \phi(\xi) - \phi_p(\xi)$, für alle $\xi \in \mathbb{R}$.   △

Beispiel 9.4

$r(t) = 0, t \le \frac{l}{4c}, r(t) = 1, \frac{l}{4c} < t < \frac{3l}{4c}, r(t) = 0, t \ge \frac{3l}{4c}$. Die ADG lautet:

$$\phi(\xi + 2l) - \phi(\xi) = -r\left(\frac{\xi}{l}\right).$$

Die rekursive Lösung lautet (Abb. 9.1):

$$\phi(\xi) = 0, 0 \le \xi < 2l,$$

$$\phi(\xi) = -r\left(\frac{\xi - 2l}{c}\right), 2l \le \xi < 4l,$$

$$\phi(\xi) = -r\left(\frac{\xi - 2l}{c}\right) - r\left(\frac{\xi - 4l}{c}\right) = -r\left(\frac{\xi - 4l}{c}\right), 4l \le \xi < 6l,$$

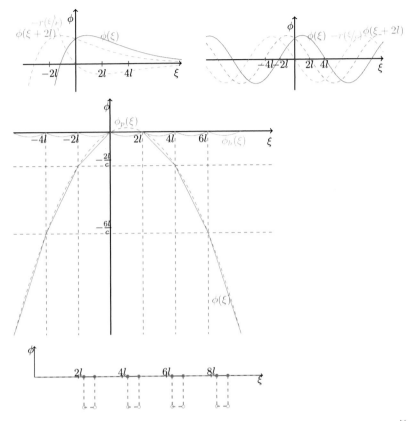

Abb. 9.1 Beispiel 9.1: Die Lösung $\phi(\xi)$ der ADG mit $\phi(\xi+2l)$ und $-r(\xi/c) = -\xi/c\,e^{\xi/c}$ (oben, links). Beispiel 9.2: Die Lösung $\phi(\xi)$ der ADG mit $\phi(\xi+2l)$ und $-r(\xi/c) = -\sin(\xi/c)$ (oben, rechts). Beispiel 9.3: Die rekursive Lösung $\phi(\xi)$ der ADG, die Polynomlösung $\phi_p(\xi)$ der ADG und die Lösung $\phi_h(\xi) = \phi(\xi) - \phi_p(\xi)$ der homogenen Differenzengleichung (Mitte). Beispiel 9.4: Die Lösung $\phi(\xi)$ der ADG (unten)

$$\phi(\xi) = -r\left(\frac{\xi-2l}{c}\right) - r\left(\frac{\xi-4l}{c}\right) - r\left(\frac{\xi-6l}{c}\right) = -r\left(\frac{\xi-6l}{c}\right), 6l \le \xi < 8l,$$

$\vdots$

Nur ein Term kann jeweils zur Lösung ϕ beitragen. $\triangle$

Das Randwertproblem 10

Wir beginnen mit dem HWG-RWP:

$$\frac{\partial^2 u}{\partial t^2} = c^2 \frac{\partial^2 u}{\partial x^2}, \quad (c > 0),$$
$$u(0, t) = r(t), u(l, t) = 0.$$

Einsetzen einer Lösung ϕ der ADG in die Formel:

$$u(x, t) = \phi(x + c\,t) - \phi(-(x - c\,t)) + r\left(-\frac{x - c\,t}{c}\right)$$

ergibt eine Lösung u des HWG-RWP. Wenn wir die partikuläre Lösung ϕ der ADG mit verschwindenden Anfangswerten $\phi(\xi) = 0$, $0 \leq \xi < 2l$, einsetzen:

$$\phi(\xi) = -\sum_{k=1}^{n-1} r\left(\frac{\xi - k2l}{c}\right), \quad (n - 1)2l \leq \xi < n2l, n \geq 2,$$

$$\phi(\xi) = 0, \quad 0 \leq \xi < 2l,$$

$$\phi(\xi) = \sum_{k=0}^{n-1} r\left(\frac{\xi + k2l}{c}\right), \quad -n2l \leq \xi < -(n - 1)2l, n \geq 1,$$

dann erhalten wir die folgende Lösung des HWG-HAWRWP.

Satz: HWG-HAWRWP, Lösung durch die ADG

Die mit der ADE durch Rekursion hergestellte Lösung des HWG-HAWRWP
$(0 \le x \le l, t \ge 0, r(0) = 0, r'(0) = 0)$:

$$\frac{\partial^2 u}{\partial t^2} = c^2 \frac{\partial^2 u}{\partial x^2}, (c > 0),$$

$$u(x, 0) = 0, \frac{\partial u}{\partial t}(x, 0) = 0, \quad u(0, t) = r(t), u(l, t) = 0,$$

nimmt folgende Gestalt an (Abb. 10.1):

$$u(x, t) = 0, 0 \le x + ct < 2l, -2l \le -(x - ct) < 0,$$

$$u(x, t) = r\left(-\frac{x - ct}{c}\right), 0 \le x + ct < 2l, 0 \le -(x - ct) < 2l,$$

$$u(x, t) = -r\left(\frac{x + ct - 2l}{c}\right) + r\left(-\frac{x - ct}{c}\right),$$
$$2l \le x + ct < 4l, 0 \le -(x - ct) < 2l,$$

$$u(x, t) = -r\left(\frac{x + ct - 2l}{c}\right) + r\left(-\frac{x - ct + 2l}{c}\right) + r\left(-\frac{x - ct}{c}\right),$$
$$2l \le x + ct < 4l, 2l \le -(x - ct) < 4l,$$

$$u(x, t) = -r\left(\frac{x + ct - 2l}{c}\right) - r\left(\frac{x + ct - 4l}{c}\right)$$
$$+ r\left(-\frac{x - ct + 2l}{c}\right) + r\left(-\frac{x - ct}{c}\right),$$
$$4l \le x + ct < 6l, 2l \le -(x - ct) < 4l,$$

$$\vdots$$

Dies ist genau die Gestalt der Lösung, die wir beim Vorgehen mit charakteristischen
Parallelogrammen erhalten haben (Abb. 7.2). Offenbar erfüllt die obige Lösung die
Anfangsbedingungen:

$$u(x, 0) = 0, \quad \frac{\partial u}{\partial t}(x, 0) = 0.$$

Dies wird durch die Eigenschaft garantiert:

$$u(x, t) = 0, \quad -\frac{x}{c} < t < \frac{x}{c}, 0 < x < l.$$

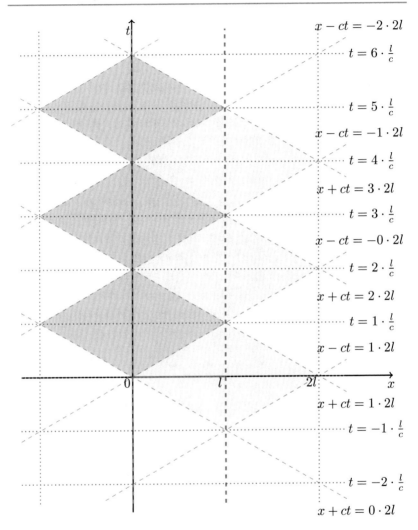

Abb. 10.1 Fallunterscheidungen zur Lösung des HWG-HAWRWP. Die Geraden $x = l$ und $x = 2l$ zusammen mit den Charakteristiken $x + ct = 2kl$, $x - ct = -2kl$, $k = 0, 1, 2, \ldots$ $x + ct = 0$, $x - ct = 0$, $x + ct = 2l$, $x - ct = -2l$, $x + ct = 4l$, $x - ct = -4l$, $x + ct = 6l$, in der (x, t)-Ebene

Sei die Funktion r zweimal stetig differenzierbar, dann ist auch ϕ zweimal stetig differenzierbar mit Ausnahme der Punkte: $\pm k\,2l$, $k \in \mathbb{N}_0$. Die Differenzierbarkeit der Funktion ϕ in den Punkten $\pm k\,2l$ wird ausschließlich von den Eigenschaften von r im Punkt 0 bestimmt. Falls $r(0) = 0$, dann ist ϕ stetig. Falls $r(0) = 0, r'(0) = 0$, dann ist ϕ stetig differenzierbar. Falls $r(0) = 0, r'(0) = 0, r''(0) = 0$, dann ist ϕ zweimal stetig differenzierbar. In allen drei Fällen gilt dasselbe für die Funktion u. In den ersten beiden Fällen betrachten wir u als schwache Lösung im Sinn der charakteristischen Parallelogramm-Relation.

Beispiel 10.1

a) $r(t) = te^{-t}$. Eine analytische Lösung der ADG wird gegeben durch:

$$\phi(\xi) = \left(\frac{\xi}{c\left(1 - e^{-\frac{2l}{c}}\right)} + \frac{2l}{c\left(1 - e^{-\frac{2l}{c}}\right)^2} \right) e^{-\frac{\xi}{c}}$$

und führt auf folgende Lösung des HWG-RWP (Abb. 10.2):

$$u_p(x, t) = \phi(x + c\,t) - \phi(-(x - c\,t)) + r\left(-\frac{x - c\,t}{c}\right).$$

b) $r(t) = \sin(t)$. Eine analytische Lösung der ADG wird gegeben durch:

$$\phi_p(\xi) = \frac{1}{2}\sin\left(\frac{\xi}{c}\right) + \frac{1}{2}\frac{\cos\left(\frac{2l}{c}\right)}{\sin\left(\frac{2l}{c}\right)}\cos\left(\frac{\xi}{c}\right)$$

und führt auf folgende Lösung des HWG-RWP (Abb. 10.2):

$$u_p(x, t) = \phi(x + c\,t) - \phi(-(x - c\,t)) + r\left(-\frac{x - c\,t}{c}\right)$$

$$= \frac{1}{\sin\left(\frac{l}{c}\right)}\sin(t)\sin\left(\frac{l - x}{c}\right).$$

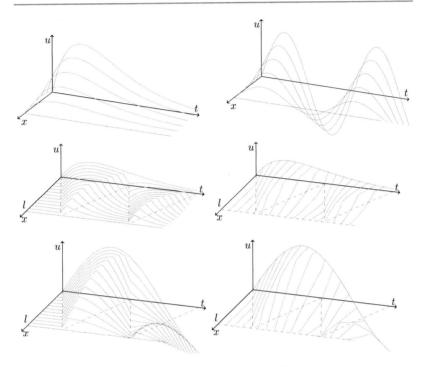

Abb. 10.2 Lösung des HWG-RWP. Schwingung an festen Orten x . Fall a) (oben, links), Fall b) (oben, rechts). Lösung des HWG-HAWRWP. Schwingung an festen Orten x (links) und Auslenkung zu festen Zeiten t (rechts). Fall a) (Mitte), Fall b) (unten)

In beiden Fällen a) und b) erfüllt die Lösung u_p keine homogenen Anfangsbedingungen. Wenn wir das HWG-HAWRWP lösen wollen, können wir rekursiv vorgehen (Abb. 10.2). △

Beispiel 10.2

$r(t) = t$. Eine einfache Polynomlösung der ADG lautet:

$$\phi_p(\xi) = -\frac{\xi^2}{4cl} + \frac{\xi}{2c}.$$

Damit bekommen wir folgende Lösung des HWG-RWP:

$$u_p(x,t) = \phi(x+ct) - \phi(-(x-ct)) + r\left(-\frac{x-ct}{c}\right) = -\frac{xt}{l} + t.$$

Als Nächstes betrachten wir die Lösung $u(x,t)$ des HWG-HAWRWP, die sich durch Rekursion ergibt (Abb. 10.3):

$$u(x,t) = 0, 0 \leq x+ct < 2l, -2l \leq -(x-ct) < 0,$$

$$u(x,t) = r\left(-\frac{x-ct}{c}\right) = -\frac{x-ct}{c}, 0 \leq x+ct < 2l, 0 \leq -(x-ct) < 2l,$$

$$u(x,t) = -r\left(\frac{x+ct-2l}{c}\right) + r\left(-\frac{x-ct}{c}\right) = -\frac{2x-2l}{c},$$

$$2l \leq x+ct < 4l, 0 \leq -(x-ct) < 2l,$$

$$u(x,t) = -r\left(\frac{x+ct-2l}{c}\right) + r\left(-\frac{x-ct+2l}{c}\right) + r\left(-\frac{x-ct}{c}\right)$$

$$= -\frac{3x-ct}{c}, 2l \leq x+ct < 4l, 2l \leq -(x-ct) < 4l,$$

$$u(x,t) = -r\left(\frac{x+ct-2l}{c}\right) - r\left(\frac{x+ct-4l}{c}\right)$$

$$+ r\left(-\frac{x-ct+2l}{c}\right) + r\left(-\frac{x-ct}{c}\right)$$

$$= -\frac{4x-6l}{c}, 4l \leq x+ct < 6l, 2l \leq -(x-ct) < 4l,$$

$$\vdots$$

Die Differenz beider Lösungen $u_h(x,t) = u_p(x,t) - u(x,t)$ ergibt eine Lösung des HWG-AWHRWP mit Anfangsbedingungen $u_h(x,0) = 0$, $\frac{\partial u}{\partial t}(x,0) = -\frac{x-l}{l}$ und Randbedingungen $u(0,t) = u(l,t) = 0$ (Abb. 10.3).   △

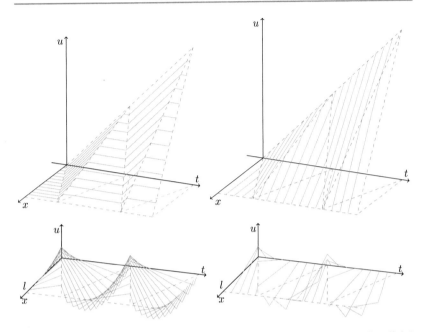

Abb. 10.3 Lösung $u(x,t)$ des HWG-HAWRWP. Schwingung an festen Orten x (oben, links) und Auslenkung zu festen Zeiten t (oben, rechts). Lösung $u_h(x,t) = u_p(x,t) - u(x,t)$ des HWG-AWHRWP. Schwingung an festen Orten x (unten, links) und Auslenkung zu festen Zeiten t (unten, rechts)

Beispiel 10.3

$c > 0, l > 0, r(t) = 0, t \leq \frac{l}{4c}, r(t) = 1, \frac{l}{4c} < t < \frac{3l}{4c}, r(t) = 0, t \geq \frac{3l}{4c}$.

In dieser Situation wird die Saite durch einen Rechtecksimpuls am Rand in Bewegung versetzt. Wir bekommen keine stetige Lösung. Die Unstetigkeiten des Impulses breiten sich längs Charakteristiken aus und werden am Rand reflektiert. Die Lösung des HWG-HAWRWP können wir nur durch rekursives Vorgehen bekommen. Sie nimmt folgende Gestalt an (Abb. 10.4):

$$u(x,t) = 0, 0 \leq x + ct < 2l, -2l \leq -(x - ct) < 0,$$

$$u(x,t) = r\left(-\frac{x - ct}{c}\right),$$

$$0 \leq x + ct < 2l, 0 \leq -(x - ct) < 2l,$$

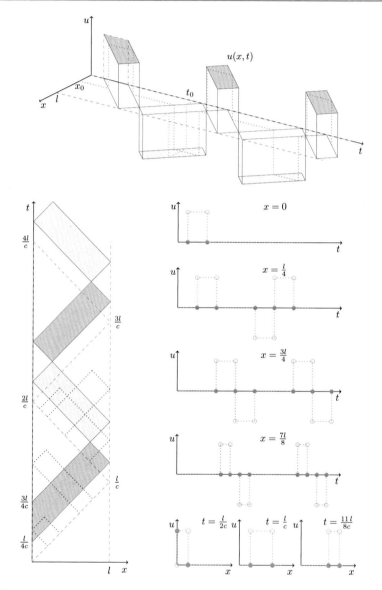

Abb. 10.4 Lösungsfläche $u(x, t)$, $0 \leq x \leq l$, $t \geq 0$ (oben). Fallunterscheidungen, Träger und einige charakteristische Parallelogramme (unten, links). Schwingung an den Orten $x = 0$, $\frac{l}{4}$, $\frac{3l}{4}$, $\frac{7l}{8}$ und Auslenkung zu den festen Zeiten $t = \frac{l}{2c}$, $\frac{l}{c}$, $\frac{11l}{8c}$ (unten, rechts)

$$u(x,t) = -r\left(\frac{x+ct-2l}{c}\right) + r\left(-\frac{x-ct}{c}\right),$$

$$2l \leq x+ct < 4l,\, 0 \leq -(x-ct) < 2l,$$

$$u(x,t) = -r\left(\frac{x+ct-2l}{c}\right) + r\left(-\frac{x-ct+2l}{c}\right),$$

$$2l \leq x+ct < 4l,\, 2l \leq -(x-ct) < 4l,$$

$$u(x,t) = -r\left(\frac{x+ct-4l}{c}\right) + r\left(-\frac{x-ct+2l}{c}\right)$$

$$4l \leq x+ct < 6l,\, 2l \leq -(x-ct) < 4l,$$

$$\vdots$$

Höchstens zwei Terme können jeweils zur Lösung u beitragen.   △

Was Sie aus diesem *essential* mitnehmen können

1. Einordnung und Klassifikation der Probleme der Wellengleichung.
2. Methoden zur Lösung der Wellengleichung.
3. Motivation, Grundlagen und Herleitung der Lösungsmethoden.
4. Beziehungen der Methoden zueinander. Darstellung der Vor- und Nachteile.
5. Beispiele für die Herangehensweise an konkrete Probleme.

Literatur

1. A. N. Samarski, A. A. Tychonov, Partial Differential Equations of Mathematical Physics, Holden-Day, San Francisco, (1967).
2. V. I. Smirnov, Lehrgang der höheren Mathematik, Deutscher Verlag der Wissenschaften, Berlin, (1969).
3. F. John, Partial Differential Equations, Springer-Verlag, New York, Heidelberg, Berlin, (1975).
4. E. DiBenedetto, Partial Differential Equations, Birkhäuser, Boston, Basel, Berlin, (1995).
5. V. I. Arnold, Lectures on Partial Differential Equations, Springer-Verlag, Berlin, Heidelberg, (2004).
6. W.A. Strauss, Partial Differential Equations: An Introduction, Wiley, Hoboken (2007).
7. E. Kreyszig, Advanced Engineering Mathematics, Wiley, Hoboken, (2011).
8. W. Strampp, Ausgewählte Kapitel der Höheren Mathematik, Springer-Verlag, Berlin, (2014).
9. W. Arendt, K. Urban, Partielle Differenzialgleichungen, Springer-Spektrum, Berlin, Heidelberg, (2018).
10. H. Meschkowski, Differenzengleichungen, Vandenhoeck und Ruprecht, Göttingen, (1958).

© Der/die Herausgeber bzw. der/die Autor(en), exklusiv lizenziert
an Springer-Verlag GmbH, DE, ein Teil von Springer Nature 2023
W. Strampp, *Die eindimensionale Wellengleichung*, essentials,
https://doi.org/10.1007/978-3-662-66428-5

Stichwortverzeichnis

Printed in the United States
by Baker & Taylor Publisher Services